アルゴリズム ビジュアル大事典

図解でよくわかるアルゴリズムとデータ構造

渡部 有隆、ニコライ・ミレンコフ [著]

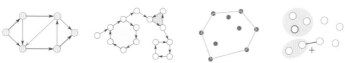

マイナビ

本書のサポートサイト:

  https://yutaka-watanobe.github.io/star-aida/books/

マイナビ出版サポートページ:

  https://book.mynavi.jp/supportsite/detail/9784839968274.html

はじめに

　私たちは空間と時間の世界に住んでいます。例えば、家、道路、教室などは活動の場となる空間であり、計画や時刻は、時の流れを表します。私たちはこのような時空の世界で、様々な目標を達成するために、何をどのように解決するかを考え、日々行動しています。

　例えば、美味しい料理を早く提供するには、材料や道具を選択したうえで、作業の手順を工夫する必要があります。また、家族で旅行をする場合も、様々なスポットを訪れ活動をするための計画が必要です。目標を達成するために思考を巡らせ、限られた予算や時間の中で、選択・活動の意思決定を行っているのです。

　目標を達成するための手順を「アルゴリズム」と言います。アルゴリズムは思考や意思決定の基礎になるもので、日常生活からビジネス、開発、研究まで、様々な問題解決の場面で現れます。アルゴリズムは人間が実行するだけでなく、プログラミングによって自動的に解決することができます。人間の脳では簡単に解決できない複雑な問題もコンピュータで解決することができるのです。ですから、アルゴリズムは ICT (情報通信技術) の分野では最も重要な学問・研究のひとつであり、ICT の分野に限らず一般的な教養として学び身に付ける価値があります。読み書き、数学、英語のように基本的な教養になるでしょう。

　プログラミングの本質はアルゴリズムです。プログラマに求められる資質は、プログラミング言語やツールの知識ではなく、思考力であり、数理的に問題を理解・解決し、アルゴリズムを正確に組み立てることができる能力です。これは普遍的で、世の中が変わっても (例えば、プログラミング言語が変わっても) 役に立つ恒久的な資質です。

　人間が限られた資源を使って行動するように、アルゴリズムはコンピュータの資源を効率よく使うことを目指します。手順を工夫して、可能な限り計算ステップを少なくすることで CPU (計算装置) の使用頻度を減らします。一方、プログラムは扱うデータや計算結果をメモリに記録しながら計算を進めます。いかに容量を使わないかも重要ですが、メモリ上のデータの " 論理的な " 形を工夫することで、物事をモデル化したり、計算を効率よく行うことができるのです。

　ですから、アルゴリズムは形 (構造) に基づいていて、「空間構造を流れる処理手順」として表すことができます。これは、テキストによる解説やプログラムでは、表現・説明しづらい側面を持っています。形があり、動的な手順があるのだから、図やアニメーションで表現・説明することが効果的です。私たちが、空間・時間の世界に住んでいることから、手順を表現するための最も適したメディアのひとつと言えます。データの形と計算手順をイメージすることで、直接的・直観的な理解にもつながります。

そこで本書『アルゴリズムビジュアル大事典』では、アルゴリズムに関する次の特徴を可視化することで、アルゴリズムとデータ構造を「統一された表現」で図解します。

- 空間構造：データの論理的な形
- 時間構造：空間構造上の処理の流れ
- データ：空間構造上に関連付けられた値
- 計算：処理の内容や状態

各アルゴリズムの解説では、これら4つの特徴を統合して、計算ステップの列を可視化します。紙面では静的なフレームの列になりますが、QRコードから、計算ステップの列をアニメーションで閲覧することができます。スマートフォンやタブレット端末のカメラをかざすと、簡単にアクセスすることができます。アニメーションでは、計算ステップの遷移に加え、処理のハイライトとデータの動きが動画として可視化され、より直観的に分かりやすくアルゴリズムが学べるようになっています。

アルゴリズムやデータ構造をアイコン化し、それらの関連をも可視化することで、アルゴリズムとデータ構造の知識をコレクションしながら、楽しく学習できるよう工夫しました。

可視化のみではなく、テキストによる解説も行います。さらに、アルゴリズムの詳細を理解し、実装する準備として、特定のプログラミング言語に依存しない疑似コードによる説明も含めました。

本事典に含まれるアルゴリズムとデータ構造

本事典ではよく知られたアルゴリズムとデータ構造をビジュアル大事典として集めました。これまでに、汎用的な問題を効率よく解決するための様々なアルゴリズムが考案されてきました。その多くは、ほとんどの主要なプログラミング言語で便利なライブラリとして提供されています。一方、これらは中身の動作原理が見えない「ブラックボックス」で、よく理解しないまま利用しがちです。それらの中身を理解することは、バグがなく（あったとしても保守できる）意図した効率で動くプログラムを作成するために欠かせません。オリジナルのアルゴリズムを新たに開発するための基礎的なアイデアとしても重要になります。

本事典からアルゴリズムとデータ構造の動作原理や関連性を知ることで、プログラミングにおける選択枝が増え、一般的な思考力や問題解決力を養うことができます。さらに、多くのアルゴリズムの巧みなアイデアから、楽しみを感じることができるでしょう。

本事典の読み方

事典の構成

　本事典は、以下のように「準備」、「空間構造」、「アルゴリズムとデータ構造」の3種類の章から構成されています。

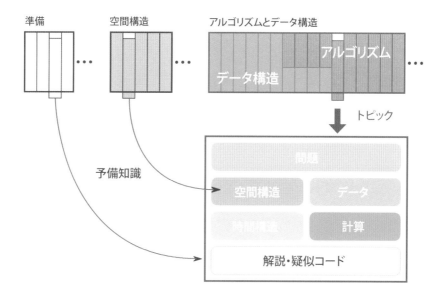

 図内テキスト：
準備　空間構造　アルゴリズムとデータ構造　アルゴリズム　データ構造　トピック　予備知識　問題　空間構造　データ　時間構造　計算　解説・疑似コード

　「準備」では、本事典を読み進めていくための予備知識を解説します。最低限必要なプログラミングに関する用語や知識を確認し、疑似コードを理解するための準備を行います。計算量など、アルゴリズムを学ぶ上で重要な概念についても確認します。

　「空間構造」では、体系的に様々な空間構造を事典として解説します。用語や実装の方針も解説します。

「アルゴリズムとデータ構造」は本書の本編です。本事典では、アルゴリズムを「問題を解決する手順」、データ構造を「ルールに従って操作されるデータの集合」と考え、トピックごとに解説します。データ構造は、効率的な実装のためにアルゴリズムの中に組み込まれることもあります。

トピックの構成要素

問題

　アルゴリズムとデータ構造（以下アルゴリズム）は「問題」を解決するためのものです。そこで、各アルゴリズムの解説の冒頭では、そのアルゴリズムで解決することができる問題を紹介します。問題の紹介では、入力と出力の状態をイラスト化します。例えば、以下の問題はデータの整列を表します。

　データ構造の場合は、それに対するデータの入出力操作の状態をイラスト化します。例えば、以下の問題はデータ構造に対するデータの出し入れを表します。

アルゴリズムとデータ構造

各アルゴリズムは以下の4つの構成要素をもつ、統一された表現方法で解説します。

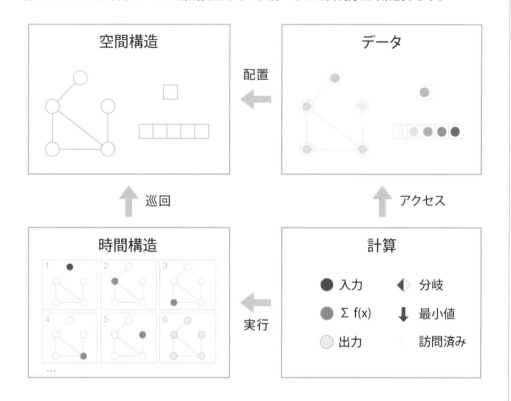

空間構造

空間構造は、アルゴリズムとデータを形にして可視化する骨組みです。ノード（円または四角）とそれらをつなぐエッジ（線または矢印）で表されます。構造によってはエッジがない場合もあります。以下のように配列、木、グラフなど、様々な空間構造があるので、事典の要素として事前に解説します。

データ

アルゴリズムが処理する入力値、途中結果、出力値などのデータは、空間構造のノードやエッジの上に可視化されます。メモリ領域に名前や添え字を付けてプログラムがデータにアクセスする仕組みの「変数」または「配列変数」の要素が、ノードやエッジに関連付けられます。変数や配列変数の値は以下のように可視化されます。

単一の色で可視化します。　値の大小によって強調された色で可視化します。　各値に対応する色で可視化します。

時間構造

時間構造は、アルゴリズムの流れを可視化します。計算の1ステップ（あるいは数ステップ）を1枚のフレームで表し、フレームの時系列でアルゴリズムの手順を表します。各計算ステップ（フレーム）では、空間構造上のデータが可視化されたうえで、なんらかの処理が実行されているノードがハイライト（点滅や強調）されます。

計算

計算では、時間構造におけるノードのハイライトに対応する処理の内容やシンボルの意味をテキストや疑似コード内のキーワードで解説します。以下のように、時間構造と計算においては、色で処理内容や状態を識別したうえで、ハイライトの形で計算のタイプを表します。また、重要な添え字や状態は矢印や背景の図で補足します。

■ または ● データの書き込みは塗りつぶしで表します。アルゴリズムの主となる計算が行われていると考えてください。

⬇ 分岐処理の結果や、重要な添え字や変数は矢印で指し示します。

□ または ○ データの読み込みは輪郭の強調で表します。変数の値やノードの情報などが参照されていると考えてください。

特定の状態のノードのグループなどは背景図で補足します。計算の流れの理解を助けます。

◀ 状況によって処理を分岐する、何かしらの判断を行っている場合は、ひし形の半分塗りつぶしで表します。次のステップ（フレーム）で、判定結果が示されます。

 その他、アルゴリズムの手順や計算内容の説明を補足するために、シンボルやテキストを用います。

各トピックでは、これら4つの特徴でアルゴリズムの概要を示した後、統合されたフレームの列として可視化します。紙面では静的なフレームの列の図となってしまいますが、実際に動きのあるアニメーションでアルゴリズムの手順を確認することをお勧めします。各トピックの概要ページに表示されたQRコードからアニメーションを閲覧することができます。試しに、以下のQRコードにスマートフォンのカメラをかざして、アクセスしてみましょう。

解説・疑似コード

　各トピックの後半には、解説、疑似コード、ノート、応用例を掲載します。

　解説では、アルゴリズムの動作の説明をテキストで説明します。

　疑似コードでは、変数、繰り返し処理、より具体的な計算式などを確認することができます。処理を別な視点から解説し、なんらかのプログラミング言語で実装を行うためのヒントを与えます。疑似コードには、ある程度自由度を持たせており、汎用的な処理は日本語によるテキストで記述する場合もあります。

　ノートでは、アルゴリズムの計算量やプログラミング言語による実装に関する補足を行います。

　応用例では、そのアルゴリズムやデータ構造が応用される高等的なアルゴリズムやアプリケーションなどを紹介します。

　本編の最初のいくつかのトピックにおいて、本事典の読み方について、具体例を通して補足します。

アルゴリズム・アイコンのリスト

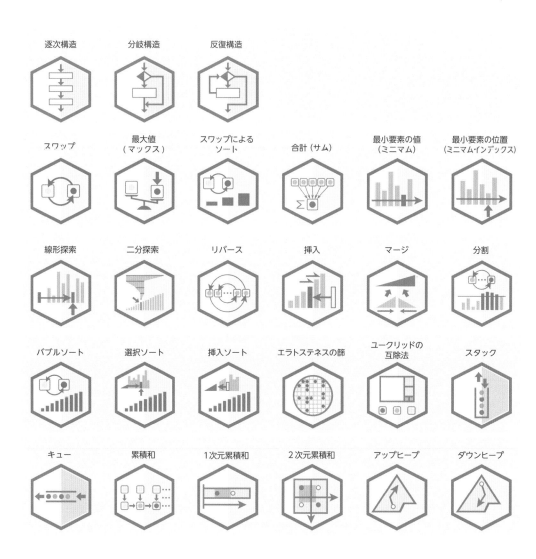

逐次構造	分岐構造	反復構造			
スワップ	最大値 （マックス）	スワップによる ソート	合計（サム）	最小要素の値 （ミニマム）	最小要素の位置 （ミニマム・インデックス）
線形探索	二分探索	リバース	挿入	マージ	分割
バブルソート	選択ソート	挿入ソート	エラトステネスの篩	ユークリッドの 互除法	スタック
キュー	累積和	1次元累積和	2次元累積和	アップヒープ	ダウンヒープ

ビルドヒープ　　優先度付きキュー　　先行順巡回　　　後行順巡回　　　中間順巡回　　　レベル順巡回

マージソート　　クイックソート　　ヒープソート　　計数ソート　　　シェルソート　　双方向連結リスト

ハッシュ表　　　幅優先探索　　　BFS による　　　Kahn の　　　深さ優先探索　　DFS による
　　　　　　　　（BFS）　　　　最短距離の計算　　アルゴリズム　　（DFS）　　　　連結成分分解

DFS による　　　Tarjan の　　　ランクによる合併　経路圧縮　　　　Union-Find 木　　プリムの
閉路検知　　　　アルゴリズム　　　　　　　　　　　　　　　　　　　　　　　　　　アルゴリズム

クラスカルの　　ダイクストラの　　ダイクストラの　　ベルマンフォードの　ワーシャルフロイドの　ギフトラッピング
アルゴリズム　　アルゴリズム　　アルゴリズム　　　アルゴリズム　　　アルゴリズム
　　　　　　　　　　　　　　　（優先度付きキュー）

グラハムスキャン　アンドリューの　　セグメント木　　セグメント木　　二分探索木　　　回転
　　　　　　　　アルゴリズム　　　：RMQ　　　　：RSQ

トリープ

アルゴリズム・アイコンのリスト

Part 1
準備編

Part 2
空間構造

Part 3
アルゴリズムとデータ構造

C
O
N
T
E
N
T
S

Part 1

準備編

1章

プログラミングの基本要素

　準備編では、本事典を読み進めるための準備として、アルゴリズムとプログラミングに必要な最低限の知識を解説します。特に疑似コードの理解に必要なプログラムの構成要素を確認します。

　この章では、最初の準備として、基本的な用語や概念を確認します。

1-1 変数と代入演算

変数

　アルゴリズムは、与えられた入力データから、目的の出力データを得るための手順です。プログラムは、入力データや計算途中のデータをコンピュータのメモリに記憶し読み書きを行うことで計算を進めます。特定のメモリ領域に名前を付けて、プログラムがアクセスできるようにする仕組みが「変数」です。1つのプログラム（アルゴリズム）は複数のデータを扱うので、それらを区別するために1つひとつに名前を付けます。本書では、多くのプログラミング言語にならって、アルファベットと数字を含む文字列で、1つの変数を表すことにします。

　変数は、それにどのような種類のデータを格納するかを示す「データ型」を持ちます。例えば、整数、実数、文字などのデータ型があります。本書では、特に指定がない限り、「整数」を格納するものとします。

　本書で扱う変数は2種類あります。1つの名前で1つの要素を管理する「変数」と、1つの名前で関連する複数の要素を管理する「配列変数」です。配列変数については、もう少し後に解説します。

代入と読み込み

　変数に値を書き込むことを「代入する」と言います。本書では、代入演算を←で表し、←の左側に変数、右側に計算式を書きます（*多くのプログラミング言語の代入演算は＝を用います）。例えば、

　　a ← 8　　　# a に8を代入する

は1つの命令を表すプログラムで、これを実行すると、変数 a の中に整数 8 が入ります。本書の疑似コードでは、'#' より右に書かれた部分はコメントです。コメントは説明文で、実行には影響しません。

　1つの変数は一度に1つの値を保持しますが、変数は「変わる数」と書かれるように、その値は何度でも書き換えることができます。例えば、上のプログラムの続きで a に 8 が入っている状況で

        a ← 12

を実行すれば、a の値は 12 に書き変わります。

　変数が代入演算の右側、つまり計算式の中にある場合は、変数の値が読み込まれます。例えば、a の値が 12 の状態で

        b ← a

を実行すると、a の値が読み込まれ、そのコピーが b に代入され、b の値は 12 になります。ここで、a の値は 12 のままであることに注意してください。

配列変数

　配列変数は関連する複数のデータを、変数の名前と連続する番号で管理します。連続するメモリ領域全体に 1 つの名前をつけて、添え字（インデックス）によって各要素にアクセスします。本書では多くのプログラミング言語にならって、配列変数の添え字は 0 から開始し、添え字を［　］の中に指定することで配列の要素を表します。例えば、

        A[3] ← 8

は、配列 A の 0 から数えて 3 番目の要素に 8 を代入します。本書では、1 つの配列に格納する要素はすべて同じデータ型（例えば、整数）とします。

　配列に含まれる要素の数をその配列のサイズと呼びます。一般的に、配列は一度定義するとそのサイズを変更することはできません。本事典では、後で解説するように、関連する空間構造のサイズに応じて配列変数のサイズが決まります（ほとんどの場合、ノードの数を表す N になります）。

1-2 基本演算

四則演算

代入演算の右辺は、基本的には計算式になります（前述の例のように、定数や変数のみからなる式もあります）。本事典では、プログラムに用いる四則演算の和、差、積、商をそれぞれ ＋，－，＊，／ で表します（多くのプログラミング言語に準拠します）。例えば、a の値が 5、b の値が 7 の状態で

    x ← a + b

を実行すると、計算式 a ＋ b では、a と b の値がそれぞれ読み込まれ、＋ 演算によって和が計算され、その結果が x に代入されます。計算の優先順序は、通常の数学と同様に積・商が優先度が高く、括弧を使って優先度を調整します。例えば、a の値が 2 の状態で

    y ← 2 ＊ (a + 1)

を実行すると、y に 6 が代入されます。
　本事典では、主に整数を扱うため、割り算の結果の小数点以下は切り捨てるものとします。例えば、

    z ← (3+2)/2

を実行すると、z の値は 2 になります。

論理式

計算結果が真(True)または偽(False)のいずれかになる式を、論理式といいます。論理式では、左右にそれぞれ与えられた 2 つの式の結果が等しいかどうかを判定する等価・不等価演算、結果の大小関係を判定する比較演算を用います。本書では、等価・不等価演算にそれぞれ ＝，≠ を、比較演算に ＜，≦，＞，≧ を用います。（※多くのプログラミング言語では、等価演算は ==、不等価演算は !=、比較演算は ＜，＞，<=，>= を用います。）

論理式では、式を組み合わせるために「かつ」を表す論理積と「または」を表す論理和を用

いますが、それぞれ and と or というキーワードを用います。（※多くのプログラミング言語では、論理積は &&、論理和は || のような記号を用います。）

　例えば

　　$a = b$ and $b < c$

は「a と b が等しくかつ b が c より小さい」とき、この式の計算結果は真となります。
　また、本事典では、論理否定を not というキーワードで表します（いくつかのプログラミング言語では ! を用います）。論理否定は、対象となる式が真のとき偽となり、偽のときに真となる演算です。

インクリメント・デクリメント演算子

　多くのプログラミング言語では、変数の値に 1 を加算する、あるいは 1 を減算するインクリメント・デクリメント演算子を利用することができます。例えば、変数 a に対するインクリメント演算

　　a++

は変数 a に 1 を加算する演算子で、以下のプログラムと同じ意味になります。

　　$a \leftarrow a + 1$

　一方、変数 b から 1 を減算するデクリメント演算は以下のようになります。

　　b--

　インクリメント・デクリメント演算子が、式の中に現れる場合は、++a と a++ を区別します。++a は a に 1 を加算した結果が当該式に利用されますが、a++ は当該式の実行が終わった後に a に 1 が加算されます。例えば、a の値が 0 のとき、

　　$x \leftarrow a$++

が実行されると、x の値は 0 で a の値が 1 になります。一方、同様に a の値が 0 のとき

　　$x \leftarrow$ ++a

が実行されると、xとaの値はともに1になります。

1-3　制御構造

　アルゴリズムの処理手順は、以下の3種類の構造の組み合わせ（入れ子構造）で表すことができます。

　逐次構造
　分岐構造
　反復構造

 ## 逐次構造

　逐次構造は、記述された処理を順番に処理します。本書の疑似コードでは、上から下（同じ行の場合は、左から右）の順番で処理を実行します。例えば、以下のプログラムは3つの処理を上から下へ向かって順番に実行します。

```
a ← 7
b ← 5
c ← a + b
```

　1行目の実行が終了するとaの値は7になり、2行目の実行が終了するとbの値は5になり、3行目の実行が終了するとcの値は12になります。

分岐構造

　分岐構造は、条件によって選択された処理を実行します。本書の疑似コードでは、主に if 文、if-else 文、if-else-if 文を用います。

　　if 文は

　　　　if 条件式：

　　　　　　　処理

のように、キーワード if に続けて：で終了する条件式を書き、続く行で条件を満たす場合に実行するまとまった処理を"同じ字下げ幅で"書きます。つまり、本書の疑似コードは、ブロックと呼ばれる関連する処理を、同じ字下げ幅で表します。 例えば、

　　　　if a ＜ b：
　　　　　　c ← b － a
　　　　　　c の値を出力
は、a の値が b の値より小さい場合、c に b － a の結果が代入されその値が出力されます。

　　if-else 文は

　　　　if 条件式：

　　　　　　　処理1

　　　　else：

　　　　　　　処理2

のように、else：の下に条件式を満たさない場合の処理を書きます。例えば

　　　　if a ＜ b：
　　　　　　c ← b － a
　　　　else：
　　　　　　c ← a － b
は、a の値が b の値以上の場合は、c に a － b の結果が代入されます。

if-else-if文は、複数の条件式で分岐される構文で、

```
if 条件式A :

    処理1

else if 条件式B :

    処理2

else if ...

    ...

else:

    ...
```

のように、条件式に対応する処理を記述します。

 ## 反復構造

反復構造は、条件を満たす限り、処理の実行を繰り返します。本書の疑似コードでは、主にwhile文、for文を用います。

while文は、指定された条件式を満たす限り処理を繰り返す構文で、

```
while 条件式 :

    処理
```

のように、キーワードwhileに続けて : で終了する条件式を書き、続く行の字下げ幅を合わせて、条件を満たす場合に実行する処理を書きます。例えば

```
    n ← 0
    while n < 10:
        n の値を出力
        n ← n + 1
```
は0から9までの整数を順番に出力します。

　for 文は、あらじめ繰り返す回数が決まっている場合などに用いる構文で、

```
    for i ← 1 to N:

        処理
```

のように、反復処理で扱う変数（ここでは i）の値を指定された規則やパタンで変えながら繰り返し処理を行います。上の例では、i が1からNまで（Nを含みます）まで、i を1増やしながら、処理を繰り返します。

　以下は、for 文に数列のパタンを指定して繰り返し処理を行う例です。

```
    for i ← 1, 3, 5, ..., N:
        # 奇数を出力
        print i
```

　また、以下のように、指定された集合やリストに含まれる要素を順番に取り出し、その要素を変数として繰り返し処理を行う場合も、for 文を用いることにします。

```
    for v in L: # データの集合 L から要素 v を1つずつ取得して処理
        v を使った処理
```

　反復構造の中で、break または continue というキーワードで、処理の流れが強制的にコントロールされる場合があります。break は、while または for 文の条件にかかわらず、その繰り返し処理から脱出します。一方、continue は、その繰り返しの回の以降の処理を飛ばして、次の回へ進みます。これらの具体例は、本書の疑似コードの中で確認していくことにします。

<table>
<tr><td>1-4</td><td>関数</td></tr>
</table>

関数とは、ある目的のための処理がまとめられたコードで、他のプログラムから呼び出し利用できるように定義されたものです。関数には、変数と同じように、その処理に関連した名前が付けられます。関数は、（必要に応じて）パラメタと呼ばれる入力値を受け取り、計算・処理を行い、（必要に応じて）計算結果を呼び出し元に返します。

例えば、2つの整数を受け取りその和を計算して返す関数は、以下のように記述します。

```
add(a, b):
    c ← a + b
    return c
```

計算結果を返す処理はキーワード return で記述します。

あらかじめ準備された関数は以下のようにプログラムから呼び出され再利用されます。

```
x ← 5
y ← 18
z ← add(x, y)
z を出力 # 23
```

関数には、入力として変数の「値」のコピーを受け取る以外に、変数の「アドレス」を受け取るものもあります。例えば、以下のプログラムは「アドレス」を受け取って、もとの変数の値を書き換えるプログラムです。

```
increment(&a):  # & によってアドレスを受け取ることを指示する
    a ← a + 1

x ← 99
increment(x)
x を出力 # 100
```

このような関数は、渡した変数の値を書き換えたい場合に利用します。

配列変数を受け取る場合は、そのアドレスを受け取るものとします。例えば、以下のコードでは配列 A を受け取ってその値を書き換えます。

```
# 要素数 N の配列 A の値を初期化する
initialize(A, N):
    for i ← 0 to N-1:
        A[i] ← 0
```

　また、多くのプログラミング言語には、変数へのアクセスの可否を表すスコープと呼ばれる概念があります。本事典では、説明を簡略化するため、関数の外に定義された変数のスコープに制限はないものとし、関数は関数の外で定義された変数へもアクセスできるものとします（実際の開発等では推奨されません）。

2章

プログラミングの
応用要素

2-1 命名規則

プログラム（アルゴリズム）の中で使用される変数や関数には、アルファベットや数字を使ってプログラマが自由に名前を付けることができます。特に大規模なソフトウェア開発においては、自分にも他人にも読みやすく、保守しやすいコードになるよう、変数や関数の命名規則は徹底する必要があります。実際には、開発チームで決めた規則や、利用するプログラミング言語の流儀に合わせた命名規則を適用することになります。

一方、本事典では、ある程度の方針はあるものの、開発に使われるような厳しい命名規則は適用しません。一般的には、何を表す変数・関数かが分かる具体的な名前にすることが鉄則ですが、本事典で扱うアルゴリズムのコードは規模が小さく、一度に扱う変数の数も少ないので、混乱が起こらないことを配慮しながら、変数にはなるべく完結な記号に近い名前をつけます。意味や区別が重要な変数や関数には、具体的で適切な名前を付けます。

2-2 区間の表し方

アルゴリズムやプログラミングには、その説明や実装のために区間という概念がしばしば現れます。本事典では主に整数を扱うので、ここでは整数に対する区間の表し方について補足します。

本事典では、主に連続する配列の要素を示すために区間の表記を用います。区間は、整数 a と整数 b の間にある整数の列を表しますが、このとき、それぞれ a と b を含めるかどうかによって、表記が異なります。本事典では、主に以下のようにキーワード「区間」をつけて、区間を表すことにします。

表記方法	意味	具体例
区間 [a, b]	$a \leq x \leq b$ を満たす x	区間 [7, 10] は、7, 8, 9, 10 を表します。
区間 [a, b)	$a \leq x < b$ を満たす x	区間 [7, 10) は、7, 8, 9 を表します。

a, b は端点と呼ばれます。[a, b] は両方の端点を含み、閉区間と呼ばれます。一方、[a, b) は b を含まないことに注意してください。このように一方の端点を含まないものは半開区間と呼ばれています。

2-3 再帰

　再帰とは、あるものごとの記述の中に、記述しているものそれ自身への参照が再び現れることを言います。この概念は、アルゴリズムやプログラミングにおいて再帰的な処理として現れ、特に再帰関数は、高度なアルゴリズムを実装するうえで、欠かせないプログラミングテクニックです。本書でも再帰的な処理や再帰関数を用いるため、ここで補足します。

　再帰関数とは、関数の中で自分自身を呼び出すような関数です。例えば、整数 n の階乗 n！ = n × (n-1) × ... × 1 を計算する関数は再帰関数として次のように記述することができます。

```
factorial(n):
    if n = 1:
        return 1
    return n * factorial(n - 1)
```

　これは、n の階乗は n ×（(n-1) の階乗）と等しいという性質を用いて再帰関数を定義しています。ここで注意すべきは、この例が n が 1 のときは 1 を返しているように、再帰関数には必ず終了条件（あるいは再帰関数の実行条件）を含めなければならないということです。

　再帰関数は、問題を分割して解を効率よく求めるアルゴリズムや、データ構造の中を体系的に訪問するアルゴリズムの実装テクニックとして広く応用されます。より実践的な例は、本事典のアルゴリズムを通して確認していきます。

変数には、整数、実数、文字などの「型」がありますが、多くのプログラミング言語では、クラスまたは構造体という仕組みで、プログラマが独自に型を定義することができます。クラスは型の設計書のようなもので、その定義の方法は、プログラミング言語によって様々です。ここでは、本事典の疑似コードにおけるクラスの記述方法を補足します。例えば、2次元平面上の点を表すクラスは以下のように書きます。

```
class Point:
    x
    y
```

このクラスはPointと言う名前で、2つの変数xとyを持ちます。本事典では主に整数を扱うため、、整数の場合は型の定義を省略しますが、適宜コメントで補足します。クラスは、それに含まれるデータ（変数）と、それらに対する処理（関数）をひとくくりで定義します。例えば以下のように、このPointクラスには、点を移動する関数を定義することができます。

```
class Point:
    x
    y

    move(dx, dy):
        x ← x + dx
        y ← y + dy
```

このクラスの利用例は以下のようになります。

```
Point p              # p は Point 型であることを示します
p.x ← 5              # p の x の値を初期化します。
p.y ← 18             # p の y の値を初期化します。

p.move(2, -8)        # 点を移動します

p.x を出力           # 7 が表示されます
```

```
    p.y を出力          # 10 が表示されます
```

本事典の疑似コードでは、クラスから生成した変数は、最初にそのクラス名を示すことにします。クラスの中の変数や関数にアクセスするには ”.”（ドット）を使います。このように、クラスから生成した変数を使うと、より直観的にデータを操作することができ、同じ型（クラス）の複数のデータも扱いやすくなります。例えば以下のように、クラスは配列と組み合わせることができます。

```
Point points[10]   # 10 個の点を含む配列を定義

# 座標を初期化
for i ← 0 to 9:
    points[i].x ← 0
    points[i].y ← 0

# 配列の中身を順番に取り出すには、以下のような書き方もします。
for p in points:
    p.x ← 0
    p.y ← 0
```

2-5 ポインタ

この節で解説する「ポインタ」の概念は、比較的難しい内容になっています。本格的に必要になるのは 21 章と 29 章の疑似コードを読解するときになりますので、最初は読み飛ばしても問題はありません。

　ポインタとは、変数のアドレスを記録する仕組みです。ポインタ変数は、データの実体を持たずその場所を指し示すもので、メモリを節約した効率的なデータ構造の実装には欠かせない概念です（※ポインタの概念は、プログラミング言語により様々です。見かけは普通の変数のようでも、内部ではポインタのように扱われる場合もあります。実際にメモリ管理を意識したプログラムを書くためには、言語の動作を深く理解する必要があることに注意してください。）。本事典では、以下のようにポインタに関する計算を簡易的に記述するものとします。ここでは、2つの簡単な例を用いて補足します。

　1つ目の例では、以下の2つのクラスで長方形の描画をシミュレーションします。

```
class Point:
    x
    y

    move(dx, dy):
        x ← x + dx
        y ← y + dy

class Rectangle:
    Point *o    # 原点（ポインタ）
    w           # 幅
    h           # 高さ

    print():
        o.x, o.y, w, h を出力
```

　Point は2つの変数 x, y で点を表すクラスです。Rectangle は原点 o、幅 w、高さ h で長方形を表すクラスです。Rectangle はその原点を Point の実体へのポインタとして持っています。本事典では、ポインタを表す変数に * を付けます。以下のコードは、これらのクラスを用いて簡単なシミュレーションを行います。

2
-
5

ポインタ

41

```
Point *origin ← 点を生成            # 点を生成してアドレスを origin に記録する
origin.x ← 0                       # x を初期化
origin.y ← 0                       # y を初期化

Rectangle *rect ← 長方形を生成       # 長方形を生成してアドレスを rect に記録する
rect.w ← 8                         # 幅を初期化
rect.h ← 5                         # 高さを初期化

rect.o ← origin                    # 原点を設定する

rect.print()                       # 0, 0, 8, 5 が表示される
origin.move(10, 20)                # 原点を移動する
rect.print()                       # 10, 20, 8, 5 が表示される
                                   # ( 長方形が動くことを確認)
```

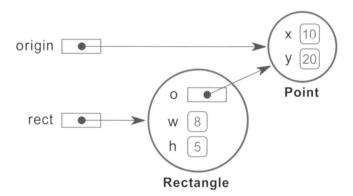

　このコードを実行すると、メモリの中は図のような状態になります。ポインタはデータの本体ではなく、データのアドレスを保持するもので、図のように矢印で表すことができます。長方形の原点はポインタであり、原点を設定するコード rect.o ← origin では、ポインタにポインタを代入するという記述になっています。この代入によって、rect.o が origin が指し示している実体を指すようになります。本事典では「ポインタが指す実体」の変数や関数にアクセスするために .（ドット）を用いることにします。（言語によっては特別な演算子を用いる場合がありますが、本書ではドットで簡略化します）。

　このシミュレーションの本質は、origin.move(10, 20) によって長方形の原点が動くことを確認することです。rect.o.move(10, 20) と実行しても結果は同じになります。

2つ目の例では、以下のように Point クラスを修正して、点をポインタで繋ぐプログラムを作成してみます。

```
class Point:
    x
    y
    Point *t

    print():
        (x, y) 座標を出力する
```

この Point クラスの特徴は、その中に Point の実体へのポインタがあるということです。以下のコードは、このクラスを用いて点のリストを作成し、座標を順番に出力します。

```
Point *root ← 座標 (1, 1) の点を生成
root.t ← 座標 (2, 4) の点を生成
root.t.t ← 座標 (3, 9) の点を生成

Point *cur ← root          # 現在地を設定
while cur ≠ NULL:
    cur.print()            #(1, 1), (2, 4), (3, 9) が順番に出力される
    cur ← cur.t
```

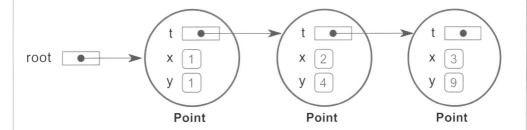

このように、メモリ上に生成されたデータの実体の変数等にアクセスするためには、ポインタをたどっていきます。

NULL は「何もない」の意味を持ち、ポインタが何も指さないことを示します。本事典では「何もない」ことを表す記号あるいは定数として、NIL や NULL を用いますが、ポインタについては NULL を使うことにします。

3章

アルゴリズム設計の準備

3-1 O記法

アルゴリズムを比較し、状況に応じて最も適した方法を選択するためには、その判断基準が必要になります。その基準の1つとして時間計算量 (Time Complexity) を参考にすることができます。

計算量は、入力データのサイズに応じてアルゴリズムが要するおおよその計算ステップを見積もります。その測り方も様々ですが、一般的に O 記法 (ビッグオー記法) が使われます。

例えば、あるアルゴリズム A が、要素数 N の数列に対して cN 回の計算ステップを要するとすると、アルゴリズム A の計算量は O(N) であると表記します。これは、程度を意味する「オーダー」から、「オーダーが N である」とも言います。ここで、c は十分小さい定数です。このおおよその見積もりは、計算ステップ数の「増加量」に興味があることを示しています。この例の場合は、配列のサイズ N が 100 倍になれば、実行される計算ステップも 100 倍になることを示しています。増加量は c が変わっても同じになります。さらに、計算ステップが $cN+c_0$ としても、c や c_0 の定数は、N に比べて非常に小さいと考え、計算量は O(N) になります。

同様に、同じ問題に対して、アルゴリズム B の計算ステップ回数が cN^2+cp とすると、オーダーは $O(N^2)$ になります。この場合、配列のサイズ N が 100 倍になれば、実行される計算ステップは 10000 倍になります。

O 記法による増加量の見積もりでは、定数だけではなく、オーダーがより小さい項も無視します。例えば、計算ステップ数が $cN^3+c_1N^2+c_2N^2+c_0$ (c_i は定数) の場合は、計算量は $O(N^3)$ になります。

O 記法によるおおよその計算量の見積もりでも、問題のサイズ (上の例では N) が十分大きければ、アルゴリズムを解析して比較するツールとして十分活用することができます。

本事典では、計算量を次のように分類し、アルゴリズムとデータ構造の各トピックに提示します。

アイコン	増加量	計算量の例	特徴
	定数	$O(1)$	データの数に依存しない計算量を表します。最も効率が良いオーダーです。
	対数	$O(\log N)$	計算量がデータのサイズの対数に比例します。N が大きくとも、その対数は非常に小さいため、大変効率の良いオーダーです。
	平方根	$O(\sqrt{N})$	計算量がデータのサイズの平方根に比例します。効率のよいアルゴリズムに分類されます。
	線形	$O(N)$, $O(N+M)$	計算量がデータのサイズにそのまま（線形に）比例します。効率のよいアルゴリズムに分類されますが、この操作を繰り返すようなアプリケーション（例えば、データ構造に対する処理）を実装する場合は注意が必要です。
	線形・対数	$O(N \log N)$, $O((N+M) \log N)$	$O(\log N)$ が大変高速であることから、問題によってはほぼ線形と考えることもできる、効率のよいアルゴリズムに分類されます。
	二次関数	$O(N^2)$	計算量がデータのサイズの二乗に比例します。データの増加が計算量に大きく影響する効率の悪いアルゴリズムに分類されます。データのサイズが数千を超えてくる場合は、注意が必要です。
	三次関数	$O(N^3)$	計算量がデータのサイズの三乗に比例します。データのサイズに応じて、計算量が爆発的に増加するため効率の悪いアルゴリズムに分類されます。データのサイズが数百を超えてくる場合は、注意が必要です。

O記法

3-2 問題の制約

　ソフトウェアやアルゴリズムを設計する際は、計算量を意識し、アプリケーションや問題の規模を考慮しなければなりません。例えば、与えられる入力の想定として、データの要素数は最大でいくつになるか、各要素（整数）の上限や下限はいくつか、などが挙げられます。ソフトウェアや問題には、必ず仕様や制約があるので、アルゴリズム設計の材料とします。

　本事典では、サイズやデータの特徴がアルゴリズムの設計に特に重要な場合は、問題の説明欄に制約を記述します。例えば、データの列を整列する問題の場合、与えられるデータの数の上限が 100 個なのか、あるいは 100,000 個なのかでは、設計するアルゴリズムも違ってきます。本事典に記載される制約は、問題の特徴を完全に表す厳格なものではありませんが、ある程度の規模を把握し、計算量を見積もるための補足として参考にしてください。

Part 2
空間構造

4章

空間構造概要

4-1 空間構造：概要

空間構造は、メモリの論理的な構造で、アルゴリズムの手順とデータを可視化するための骨組みになります。空間構造は、例えば以下のように描かれます。

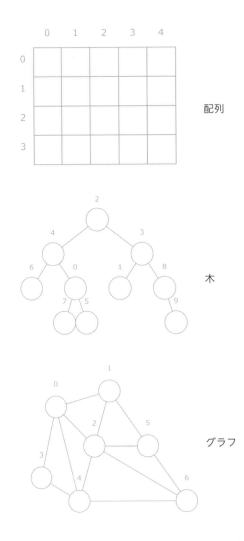

空間構造は、物事の対象を表すノードとそれらを関連付けるエッジから構成されます。ノードは構造の構成要素で円または正方形で描かれます。エッジはノードを結ぶ線または矢印で描かれます。構造によっては、エッジがない場合もあります。

本事典で扱う空間構造は、それらの形や特徴から以下のように分類されます。

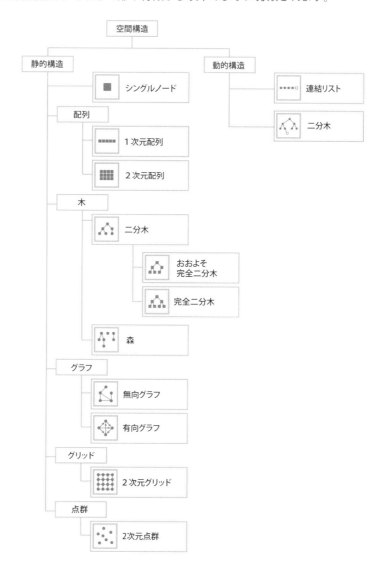

　空間構造は、静的構造と動的構造に大きく分けられます。静的構造は、一度その大きさ（ノードの数）が決定すると、それ以降は変更することができません。一方、動的構造は、アルゴリズムの中で（実行中に）その大きさを変えることができます。

　配列、木、グラフなどの一般的な構造は、それぞれが、制約が異なるさらに特化した構造として階層的に（あるいは複数に）分類されます。このパートでは、各空間構造について事典として詳しく解説していきますが、これらの一般的な構造についても、概念や用語を中心に補足します。

4-2 配列

配列構造はノードを並べて配置した空間構造です。配列構造にエッジはなく、ノードをセルと呼ぶこともあります。配列構造は、データを並べる方向の数（次元）によって、1次元、2次元、3次元, ..., n 次元構造になります。配列構造の大きさは固定で、一度作成するとその大きさと次元を変更することはできません。

1次元　　　　　　**2次元**　　　　　　**3次元**

配列構造のノードには順番に番号が割り当てられます。n 次元の配列では、それぞれの次元に対して連続する番号が付き、各要素は n 個の番号の組み合わせによって指定されます。

本事典では、1次元と2次元の配列構造を扱いますので、このパートで詳しく解説します。

グラフ

グラフは物事とそれらの関連を可視化する表現手法で、対象となるノードと、ノード間を接続するエッジの集合で構成されます（ノードやエッジの呼び方は様々ですが、本事典ではノード・エッジに統一します）。グラフは現実世界の物事をコンピュータで表現するためのモデルとして広く応用されています。

グラフは、エッジに方向がある**有向グラフ**と、方向がない**無向グラフ**に大きく分けられます。

無向グラフ

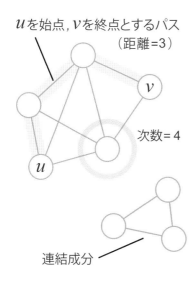

uを始点, vを終点とするパス
（距離=3）

次数 = 4

連結成分

有向グラフ

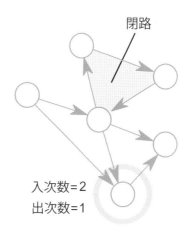

閉路

入次数＝2
出次数＝1

ノード u とノード v を直接つなぐエッジがある場合は、u と v は**隣接**すると言います。

グラフのノード v から張られているエッジの数を v の**次数**と言います。有向グラフの場合は、ノード v から出ているエッジの数を**出次数**、入ってくるエッジの数を**入次数**と言います。

ノードと次のノードの間にエッジがあるようなノードの列を**パス**と言います。パスには始点と終点があります。始点と終点が同じノードになっているパスを**閉路（サイクル）**と言います。

2つのノードの間を経由するエッジの数を長さと言い、最短経路におけるエッジの数を**距離**と言います。

　無向グラフの任意の 2 つのノード u と v について、u から v にパスがあるとき、このグラフを**連結な**グラフと言います。必ずしも連結でないグラフ G について、その極大で連結な部分グラフを G の**連結成分**と言います。つまり、連結成分内の任意の 2 つのノードはエッジをたどってお互いにたどり着けます。

　グラフのエッジに重みが付いているグラフを**重み付き**グラフと言います。重みとは、問題やアプリケーションで扱う様々な値です（例えば、道路の移動コストや関連度の強さなど）。本事典では、主にグラフのノードに関連付けられる値に着目しますが、空間構造のエッジに重み（変数や値）を割り当てる場合は以下のように表現します。

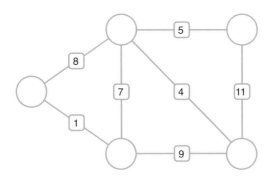

木

木構造はデータの格納と取得を高速に行うための構造として、情報処理には欠かせない概念です。木はその形状の制約によって様々な種類があります。木構造はグラフであり、ノードの集合とそれらを繋ぐエッジから構成されますが、以下のように、閉路（サイクル）があってはなりません。

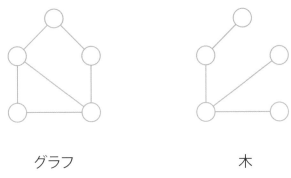

グラフ　　　　　　　　　　　　　木

本事典で扱う木は、以下のように**根（ルート）**と呼ばれる特別なノードを頂点とし、下方向へエッジが張られるように描かれます。このような木を**根付き木**と言います。

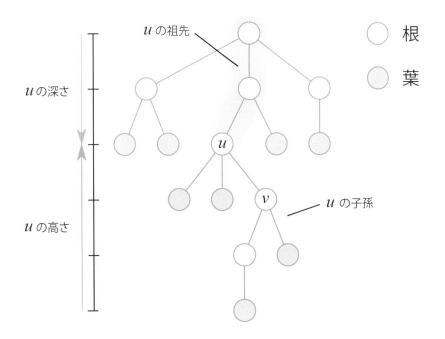

　あるノード u から下に向かって張られたエッジで接続されるノード v を、u の子と呼び、u は v の親と言います。子を持たないノードを葉（リーフ）と言います。葉以外のノードを内部ノードと言います。

　ノード u から根に向かってたどった経路上にあるノードを u の祖先と言います。一方、u から葉に向かってたどった経路上にあるノードを u の子孫と言います。祖先、子孫にはそれぞれ自分自身 u も含まれます。

　根からノード u までたどり着くのに必要なエッジの数を u の深さまたはレベルと言います（図で u の深さは 2）。一方、最も深い葉から u までたどり着くのに必要なエッジの数を u の高さと言います（図で u の高さは 3）。根の高さが木の高さになります（図の木の高さは 5）。

　同じ親を持つノードを兄弟と言います。ノード u の子の数を u の次数と言います（図で u の次数は 3）。

　u と u の子孫からなる根付き木を u を根とする部分木と言います。

5章

配列

5-1　シングルノード

■ シングルノード　Single Node

> 空間構造の概要を示します。

　シングルノード構造は、次元がない配列のようなもので、1つのノードで構成されます。「変数」を可視化するための最もシンプルな空間構造です。

> 構造の大きさと形を決定する
> パラメタ等を示します。

> ノードの数がつねに1つのため、大きさを
> 決定するパラメタはありません。

> シングルノード構造には変数を関連付け
> ます。変数の値がノード上に可視化されま
> す。

> 変数や配列変数がどのように
> 可視化されるか補足します。

　変数を扱うあらゆるアルゴリズムに現れます。※本事典では、ほとんどのアルゴリズムやデータ構造が主に配列変数を扱いますが、配列が必要のないシンプルな計算や、単一のデータを保持・可視化する目的で、シングルノード（変数）が使われます。

> 応用分野について触れます。

　疑似コード中では、シングルノードについて、特にクラス等は定義しません。通常の変数として現れます。

> 疑似コードでどのように扱
> われるか補足します。

1次元配列

 1次元配列 1 Dimensional Array

　1次元配列構造は、N個のノードを一行または一列に順番に並べた空間構造です。配列変数を可視化する最も基本的な構造です。

　1次元配列構造の大きさと形は、それに含まれるノードの数Nによって決まります。ノードには、0からN-1までの番号が順番に割り当てられます。

　本事典では、アルゴリズムやデータ構造に応じて、ノードを縦方向に並べたり、いくつかの行に改行して可視化する場合もあります。

　1次元配列構造は1次元の配列変数を可視化するための構造です。各ノードの上に配列変数の各値が可視化されます。ノード番号が配列変数の添え字に順番に対応し、この配列変数のサイズはNになります。

　データの列や集合を扱う（可視化する）ための最も汎用的な空間構造です。検索や整列など様々なアルゴリズムに現れます。

　疑似コードでは、特にクラス等を定義しません。サイズNをともなう通常の1次元の「配列変数」として現れます。

5-3 　**2次元配列**

 2次元配列 2 Dimensional Array

2次元配列構造は、ノードを横方向と縦方向の2つの方向に順番に並べた空間構造です。

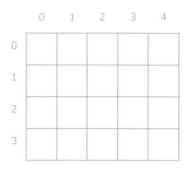

2次元配列構造は、N個の列とM個の行から成ります。ノードにはそれぞれ連続した列番号と行番号が割り当てられます。列番号は0からN-1、行番号は0からM-1です。各ノードは列番号と行番号の組で特定されます。2次元配列構造の大きさと形は、NとMによって決まり、ノードの数はN×M個になります。

2次元配列構造は2次元の配列変数を可視化するための構造です。各ノードの上に配列変数の各要素が可視化されます。列番号・行番号が、2次元配列変数の列インデックス・行インデックスに順番に対応し、配列のサイズはN×Mになります。

　画像を表すピクセル、平面上のマップ、表計算など、状態やデータを2次元で表すアルゴリズムに現れます。

　疑似コードでは、特にクラス等は定義しません。N, Mのサイズをともなう2次元の配列変数として現れます。
　ここでは、「2次元の配列変数」に関する補足を行います。1次元の配列変数の要素に対して、例えばA[i]のように[ ]の中の添え字でアクセスするように、2次元の配列変数の要素には、A[i][j]のように2つの添え字を用いてアクセスします。

6章

木

6-1 二分木

 ## 二分木 Binary Tree

　二分木は、「ノードが子を持つ場合はその数は2以下である」という制約を満たす根付き木です。二分木の各ノードは左の子と右の子を持ち、これらを厳密に区別します（それぞれの子が存在しない場合もあります）。

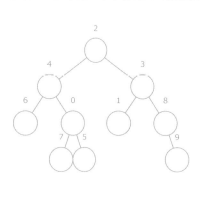

二分木構造の大きさと形は、ノードの数Nと各ノードが持つ親、左の子（存在する場合）、右の子（存在する場合）の番号で決まります。ノードにはそれぞれ0からN-1の番号が付けられています。

二分木のノードの列に1次元の配列変数を関連付けます。つまり、1次元の配列変数の各要素の値が、二分木のノードの上に可視化されます。ノード番号が配列変数の添え字に順番に対応し、この配列のサイズはNになります。

　二分木構造は、要素の追加や検索を高速に行うためのデータ構造に応用されるだけでなく、計算の形として多くの高等的なアルゴリズムに現れます。静的な二分木構造はその応用が限られますが、動的な二分木構造は、メモリを有効に活用する高等的なデータ構造の実装に欠かせません（9章で解説します）。

疑似コードでは、二分木の形状を表すため、以下のようなクラスで二分木構造を表します。

```
# 親、左の子、右の子のノード番号を持つクラス Node
class Node:
    parent
    left
    right

# N 個のノードを保持する配列で二分木を表す
class BinaryTree:
    N               # ノードの数
    root            # 根の番号
    Node nodes      # N 個のノードの配列
```

クラス Node の parent, left, right は、それぞれ存在する場合 0 から N-1 の値をとります。存在しない場合は NIL とします。NIL は「何もない」という意味で、実際に実装する場合には、適切な定数を割り当てる必要があります。

クラス BinaryTree は、根の番号を持ち、nodes はサイズが N の配列で、その i 番目の要素にノード i の情報を記録します。

6-2 おおよそ完全二分木

おおよそ完全二分木 Almost Complete Binary Tree

　「ノードが子を持つ場合はその数は必ず2個である」または「一番下とその上のノードの深さの差が高々1で、最も深いノードが左に詰めてある」という制約を満たす二分木です。

おおよそ完全二分木のノード番号は、根から順番に割り振られ、根が0、その左の子が1、その右の子が2、以下同様にノードkの左の子はノード(2×k+1)、右の子はノード(2×k+2)になります。ノードcの親は(c-1)÷2（切り捨て）になります。おおよそ完全二分木の大きさと形は、ノードの数Nのみで決まります。

おおよそ完全二分木のノードの列に1次元の配列変数を関連付けます。1次元の配列変数の各要素の値が、ノードの上に可視化されます。ノード番号が配列変数の添え字に順番に対応し、この配列のサイズはNになります。

　おおよそ完全二分木は、サイズを表す1つの整数Nのみでその形状が決まるため実装はシンプルですが、その高さが常に$\log_2 N$になる性質は強力です。ノードの値に制約があるようなデータ構造に応用されます。例えば、データを優先度の高いものから取り出す優先度付きキューに応用されます。

　本事典では、おおよそ完全二分木をベースとしたデータ構造とアルゴリズムを実装します。アルゴリズムの疑似コードには、以下のようにノード番号からその親と子の番号を求める関数が伴います。

```
# ノード i の親の番号
parent(i):
    return (i-1)/2

# ノード i の左の子の番号
left(i):
    return 2*i+1

# ノード i の右の子の番号
right(i):
    return 2*i+2
```

　また、おおよそ完全二分木をベースとしたデータ構造の疑似コードは、以下のようなクラスになります。

```
class AlmostCompleteBinaryTree:
    N      # ノードの数
    key    # ノードに関連付けられる様々なデータ
    ....
    # 上記3つの関数とその他の操作
    parent(i): ...
    left(i): ...
    right(i): ...
```

6-3 完全二分木

完全二分木 Complete Binary Tree

完全二分木は、「ノードが子を持つ場合はその数は必ず2個である」という制約を満たす二分木です。

ノード番号の割り当ては、おおよそ完全二分木と同様です。完全二分木の大きさと形は、ノードの数Nで決まります。ただし、本事典のアルゴリズムとデータ構造では、一番下のレベルのノード（つまり葉）の数が2のべき乗になるように調整します。

おおよそ完全二分木と同様に、ノードの列に1次元の配列変数を関連付けます。

左から順番に並んだ完全二分木の葉は、1つの列として表すことができ、葉以外のノードは、この列の区間を表すことができます。つまり、完全二分木はセグメント木（区間木）とみなすことができ、区間に対する操作を高速に処理するためのアルゴリズムやデータ構造に応用されます。

実装方法は、おおよそ完全二分木とほぼ同様ですが、最低限必要な葉の数から完全二分木のノード数を調整するプロセスがともないます。

6-4 森

森 Forest

森は、木の集合です。各ノードが最大で１つの親ノードを持ち、木の集合を作ります。

森の大きさと形は、ノードの数Ｎと各ノードが持つ親の番号で決まります。ノードにはそれぞれ０からN-1の番号が付けられています。森の形状は、各ノードが持つ親へのリンクの変化によって変わります。

他の木構造と同様に、森のノードの列に、１次元の配列変数を関連付けます。

木が集合を表し、ノードはある集合に属する要素とみなすことができます。ノードは２つ以上の木に属することはないので、森は互いに素な集合を管理するデータ構造の実装に応用することができます。

森は、各ノードがただ１つの番号を持つので、１つの配列で表すことができます。疑似コードでは、森を用いたデータ構造のベースは以下のようになります。

```
class Forest:
    N           # ノードの数
    parent      # parent[i]がノードiの親の番号を表すサイズNの配列
    ...
    ...
```

7章

グラフ

7-1 無向グラフ

無向グラフ Undirected Graph

　無向グラフはエッジに方向がないグラフで、エッジは両方向にたどることができます。つまり、無向グラフでは、各エッジは「順序のない」ノード番号の組で表されます。

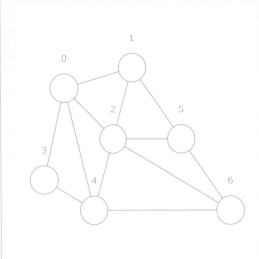

無向グラフ構造の大きさと形は、ノードの数 N とノード間を繋ぐ M 本のエッジの情報で決まります。ノードにはそれぞれ 0 から N-1 の番号が付けられています。グラフのエッジの情報を保持するには、以下で解説するように隣接行列と隣接リストの 2 つの方法があります。

グラフのノードの列に 1 次元の配列変数を関連付けます。つまり、1 次元の配列変数の各要素の値が、グラフのノードの上に可視化されます。ノード番号が配列変数の添え字に順番に対応し、その配列のサイズは N になります。

　グラフ構造は、世の中の多くの物や現象を表すモデルとして広く応用されています。

　グラフ構造は主に隣接行列または隣接リストで表現することができます。

隣接行列による表現

　N × N の二次元配列変数 adjMatrix でグラフのエッジを表します。adjMaxtrix は、i と j を結ぶエッジがある場合 adjMaxtix[i][j] が 1、エッジがない場合 0 となるような二次元配列です。adjMatrix[i][j] が 1 の場合は adjMatrix[j][i] も 1 になります。

　隣接行列表現は、エッジをノードの組で指定したとして、その追加・削除を O(1) でできるという特長があります。一方、ノード u に隣接するノード v を列挙するオーダーは O(N) となります。また、常に N2 に比例するメモリを必要とするため、大きなグラフに対しては適用でき

ません。疑似コードでは、以下のようなクラスで隣接行列によるグラフを表します。

```
class Graph:
    N           # ノード数
    adjMatrix   # 隣接行列を表す N × N の2次元配列変数 ( 要素が 0 と 1)
    ...
```

エッジに重みがある場合は、以下のようなクラスになります。

```
class Graph:
    N           # ノード数
    weight      # 隣接行列と重みを表す N × N の2次元配列変数
    ...
```

隣接リストによる表現

　リストとは、順序を保って動的にデータの追加・削除・検索が行えるデータ構造です（詳細は 21 章で解説します）。隣接リストによる表現では、N 個のリストが含まれるリストの配列 adjLists でグラフを表します。adjLists[i] がノード i に関するリストを表し、ノード i に隣接するノードの番号の列が記録されています。

　隣接リストはエッジの数に比例したメモリしか必要としないため、効率よくグラフを表現することができます。一方、ノード u に隣接するノード v を調べるには、リストをたどる必要があります。しかし、ほとんどのアルゴリズムは、あるノードに関する隣接リストは 1 度たどれば十分なため、この欠点は多くの場合問題になりません。

　疑似コードでは、以下のようなクラスで隣接リストによるグラフを表します。

```
class Graph:
    N           # ノード数
    adjLists    # 隣接リストを表す N 個のリスト。u 番目のリストは u から接続するノードの番号の列を
保持
    ...
```

エッジに重みがある場合は、以下のようなクラスになります。

```
class Edge:
    v           # エッジの終点を表すノード番号
    weight      # エッジの重みを表す変数
    ...
class Graph:
    N           # ノード数
    adjLists    # 隣接リストを表す N 個のリスト。u 番目のリストは u を始点とした Edge の列を保持
    ...
```

7-2 有向グラフ

有向グラフ

有向グラフはエッジに方向があるグラフで、各エッジは、「順序のある」ノード番号の組で表されます。つまり、矢印の通りに、片方のノード（始点）からもう片方のノード（終点）へ向かって、一方向にたどることができます（反対方向にたどることができません）。

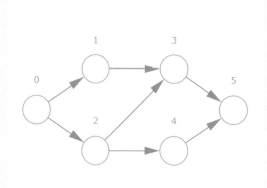

無向グラフと同様に、有向グラフ構造の大きさと形は、ノードの数Nとノード間をつなぐM本のエッジの情報で決まります。ノードにはそれぞれ0からN-1の番号が付けられています。グラフのエッジの情報を保持するには、無向グラフと同様に隣接行列と隣接リストの2つの方法があります。

無向グラフと同様に、グラフのノードの列に1次元の配列変数を関連付けます。

有向グラフは、一方通行の道を扱う地図や、タスクの手順など、多くの物事や現象を表すことができます。

無向グラフと同様に、有向グラフは隣接行列、または隣接リストで表すことができます。

隣接行列では、ノードiからノードjに向かってエッジがある場合はadjMatrix[i][j]が1となります。方向があるため、adjMatrix[j][i]も1になるとは限りません。

隣接リストでは、ノードiからノードjに向かってエッジがある場合はリストadjLists[i]の中にjが含まれます。疑似コードでは、グラフ構造と同様のクラスを用います。

8章

点群

8-1 2次元点群

 2次元点群 Points in 2D

2次元点群構造は、点を表すN個のノードが2次元平面上に配置された構造です。

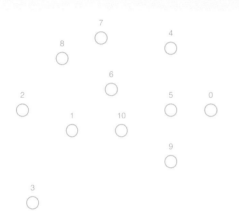

点の個数Nと、それぞれの点（ノード）の (x, y) 座標で定義されます。本事典では、整数座標のみ扱います。ノードには0からN-1の番号が割り当てられます。

本事典では、2次元点群構造のノードに変数を割り当てるようなアルゴリズムは扱いません。基本的に、ノード（点）に関連付けられた (x, y) 座標のみを参照します。

2次元平面上の点群は、計算幾何学分野における最も基本的な構造です。位置情報を扱うアプリケーション、ゲーム、グラフィックス等、様々な分野に応用されます。

2次元点群構造は、以下のような点の配列として表します。

```
class Point:
    x
    y

# N個の点を含む点群
class PointGroup:
    N              # 点の数
    Point points   # points[i]に番号がiの点 (Point) を保持する要素数Nの
                   # 1次元配列変数
```

9章

動的構造

この章の空間構造は、比較的難しい内容になっています。本格的に必要になるのは 21 章と 29 章の疑似コードを読解するときになりますので、最初は読み飛ばしても問題はありません。

9-1 連結リスト

 連結リスト Linked List

連結リストは、一列に並んだノードをポインタで繋げた空間構造です。連結リストにはいくつかの種類がありますが、本事典の連結リストは、ノードが双方向に繋がる双方向連結リストと呼ばれるものです。各ノードは、その前のノードへのポインタと、後ろのノードへのポインタを持ちます。

連結リストの中には N 個のノードがあります。初期状態で連結リストは空ですが (N = 0)、その大きさと形状は、ノードの追加と削除によって動的に変化していきます。ノードを番号で指定することはできません。

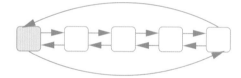

連結リストの各ノードの中に、必要なデータを格納する変数が定義され、その値がノード上に可視化されます。プログラムの中では、ポインタをたどりノードを指定することによって、その変数にアクセスすることができます。

動的なデータの集合を管理するための、最も基本的な構造のひとつです。また、メモリを効率的に使い、要素の順序を保つことができるため、実用的なデータ構造のベースとなっています。

疑似コードでは、以下のようなクラスで連結リスト構造を表します。

```
class Node:
    Node *prev    # 直前のノードへのポインタ
    Node *next    # 直後のノードへのポインタ
    key           # ノードに関連付けられる様々なデータを定義します
    ...           # ...

class LinkedList:
    Node *sentinel    # リストの起点となる番兵
```

LinkdedList の中に定義されている *sentinel は番兵と呼ばれる特別なノードです。番兵は実データには含めませんが、リストに対する操作の起点になります。
　動的構造のため、通常の配列変数をそのままリストのノードに対応付けることはできません。前述のように、ノードのデータとして変数を用意します。

9-2 二分木

 二分木 Binary Tree (Dynamic)

　動的な二分木は、ノードをポインタで繋げて二分木を構成します。各ノードは、その左の子、右の子、親へのポインタを持ちます。

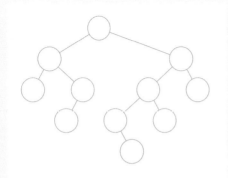

二分木の中には N 個のノードがありますが、その大きさと形状は、ノードの追加と削除によって動的に変化していきます。

二分木の各ノードの中に、必要なデータを格納する変数が定義され、その値がノード上に可視化されます。プログラムの中では、ポインタをたどりノードを指定することで、その変数にアクセスすることができます。

　二分木に動的な性質が加われば、メモリを効率的に使い、データへのアクセスを高速化する高等的なデータ構造の基盤となります。

　疑似コードでは、以下のようなクラスで動的な二分木構造を表します。連結リスト構造と同じような特徴を持ちます。

```
class Node:
    Node *parent    # 親へのポインタ
    Node *left      # 左の子へのポインタ
    Node *right     # 右の子へのポインタ
    key             # ノードに関連付けられる様々なデータを定義します
    ...             # ...

class BinaryTree:
    Node *root      # 根へのポインタ
```

Part 3

アルゴリズムと
データ構造

10章

入門
(Getting Started)

　この章では導入として、代入、逐次処理、条件分岐を用いて、最も簡単な問題を解いていきます。ここで獲得するアルゴリズムは、とてもシンプルですが、多くのアルゴリズムの基本部品となります。

　また、最初のアルゴリズムでは、事典の読み方を具体例を通して確認します。

- ・スワップ
- ・**最大値（マックス）**
- ・**スワップによるソート**

10-1 スワップ ★

2つの要素の交換 Swapping Two Elements

　アルゴリズムの最も基本的な操作は、変数（メモリ）に対するデータの読み書きです。データの読み書きの組み合わせが必要な「入れ替え」問題は、データの並び替えなどの基本操作として多くのアルゴリズムに現れます。

異なる 2 つの変数の値を入れ替えてください。

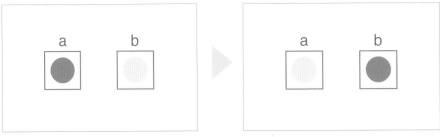

順序がある 2 つの整数 　　　　　　　　　　　順番を入れ替えた 2 つの整数

 ### スワップ Swap

　変数の中身を交換する処理をスワップと言います。スワップ処理には、2 つの変数以外に、どちらかの値を退避しておくためのもうひとつの変数が必要になります。

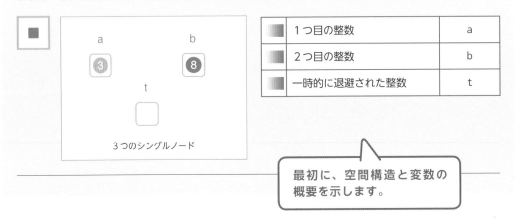

	1 つ目の整数	a
	2 つ目の整数	b
	一時的に退避された整数	t

3 つのシングルノード

最初に、空間構造と変数の概要を示します。

次に、計算の流れ（時間構造）と計算内容の概要を示します。

疑似コード内のキーワードで補足します。

入力		
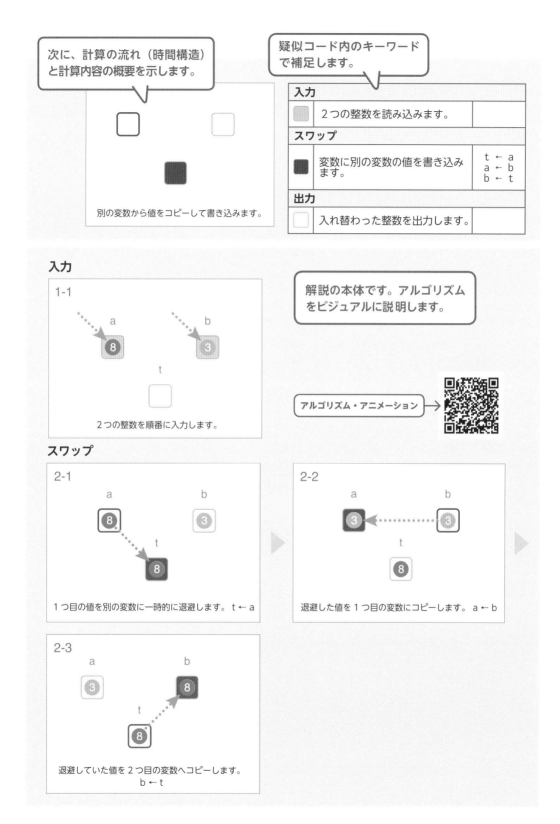	2つの整数を読み込みます。	
スワップ		
	変数に別の変数の値を書き込みます。	t ← a a ← b b ← t
出力		
	入れ替わった整数を出力します。	

別の変数から値をコピーして書き込みます。

入力

1-1

a 8   b 3

t

2つの整数を順番に入力します。

解説の本体です。アルゴリズムをビジュアルに説明します。

アルゴリズム・アニメーション →

スワップ

2-1

a 8   b 3

t 8

1つ目の値を別の変数に一時的に退避します。 t ← a

2-2

a 3 ← b 3

t 8

退避した値を1つ目の変数にコピーします。 a ← b

2-3

a 3   b 8

t 8

退避していた値を2つ目の変数へコピーします。
b ← t

出力

テキストによる解説を行います。

　　2つの変数の中身を交換するには、まず1つ目の変数の値を、2つ目の変数ではない別の変数に一時的に退避します。変数の上書きによってデータが消滅してしまうのを避けるために「退避」します。次に、1つ目の変数に2つ目の変数の値を書き込んだ後に（この時点で2つの変数には同じ値が入っています）、退避しておいた値を2つ目の変数に書き込み交換処理が終了します。

#（シャープ）から始まる行は、コメントとして疑似コードの意味を補足します。
　アルゴリズムの基本構造である「逐次処理」は、プログラムを上から下に向かって一行一行順番に実行します。

疑似コードによって、解説を補足します。

関数として実装する場合は以下のようになります。

```
swap(&a, &b): # &が付いている変数はアドレスを受け取るものとします
    t ← a
    a ← b
    b ← t
```

計算量や実装に関する補足を
行います。

　以降はこの処理を関数 swap(a, b) として利用します。この swap 関数は、変数のアドレスを
渡すタイプで、swap(a, b) が実行されると、変数 a と変数 b の値が入れ替わるものとします。

特徴　　スワップは、データの列を管理する配列の要素に対して行われることが多く、デー
タを整列するアルゴリズムやデータ構造の操作などに使用される汎用的な処理です。

応用分野やアプリケーション
を紹介します。

10-2　最大値（マックス） ★

2つの整数の最大値 Maximum of Two Elements

　問題解決には、状況を判断して意思決定を行うプロセスが伴います。2つの数値のうち、大
きい方あるいは小さい方を選択する処理は、大小関係をもつデータを扱うプログラムで最も多
く使われる処理です。

与えられた2つの整数のうち、大きい方を選択してください。

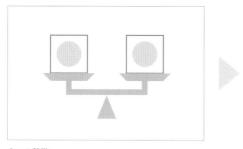

2つの整数

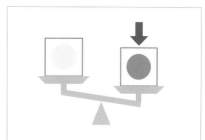

大きい方の整数

最大値（マックス）Max

　条件分岐によって、2つの整数の値のうち、大きい方を選択します。ただし、同じ値の場合はその値を最大値とします。

2つのシングルノード

	1つ目の整数	x
	2つ目の整数	y

2つの変数の値の大小関係を比較します

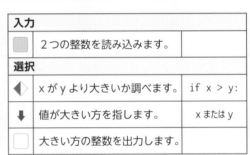

入力		
	2つの整数を読み込みます。	
選択		
	x が y より大きいか調べます。	if x > y:
	値が大きい方を指します。	x または y
	大きい方の整数を出力します。	

大きい方を選択します。

アルゴリズム・アニメーション

入力

1-1

x 8   y 5

2つの整数をそれぞれ x, y に入力します。

選択

2-1

x 8   y 5

大小関係を比較します。if x > y:

2-2

x 8   y 5

8 > 5 なので x を選択します。

　本事典の可視化では、分岐処理の条件の評価とその決定を2つのステップ（フレーム）で表します。分岐によって選択される処理は、変数の値や条件式の結果に依存します。この例の場合は、x > y を満たすため、x が選ばれました。このようなフレームは分岐処理の決定の一例となります。

```
x ← 入力された整数
y ← 入力された整数

if x > y:
    print x
else:
    print y
```

関数として実装する場合は以下のようになります。

```
max(x y):
    if x > y:
        return x
    else:
        return y

x ← 入力された整数
y ← 入力された整数
print max(x, y)
```

　最大値を求めるプログラムは、汎用的な処理として多くのプログラミング言語に実装されています。関数の場合は 2 つの変数 x, y に値を受け取り、if x > y: を満たすとき return x を、そうでない場合 return y を行う関数として実装することができます。

　今後はこの処理を max(a, b) として利用します。max(a, b) は a と b の値のうち大きい方を返すものとします。また、x > y を x < y へ書き換えれば、2 つの値の小さい方を求める min(a, b) になります。

 特徴　　最大値を求める max 関数、最小値を求める min 関数は、数値を扱う多くのアルゴリズムに使われる汎用的な部品です。

10-3 スワップによるソート ★

3つの整数の整列 Sorting Three Integers

アルゴリズムは手順の組み合わせです。すでに獲得した部品を組み合わせて、問題を解決してみましょう。

3つの整数を小さい順に並べ替えてください。

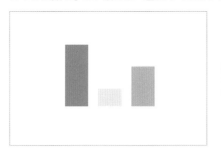

順序のある3つの整数

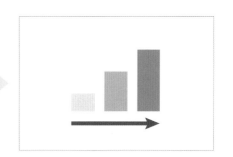

小さい順に並べられた3つの整数

スワップによるソート Sorting by Swaps

3つの整数の並べ替えは、条件分岐で6通りすべての順列を調べれば行うことができますが、条件分岐とスワップを組み合わせることで、より簡潔に解決することができます。

3つのシングルノード

	1つ目の整数	a
	2つ目の整数	b
	3つ目の整数	c

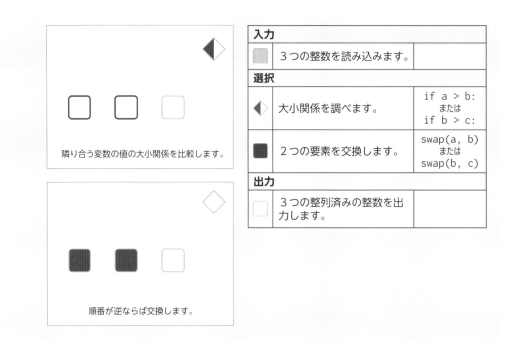

入力		
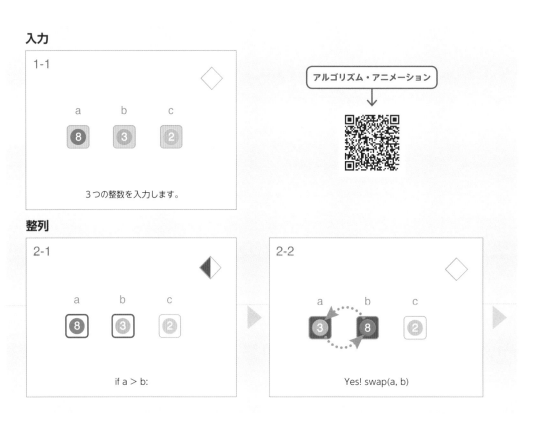	3つの整数を読み込みます。	
選択		

◀	大小関係を調べます。	`if a > b:`
		または
		`if b > c:`

■	2つの要素を交換します。	`swap(a, b)`
		または
		`swap(b, c)`

出力		
□	3つの整列済みの整数を出力します。	

入力

1-1

a　　b　　c

⑧　　③　　②

3つの整数を入力します。

アルゴリズム・アニメーション

整列

2-1

a　　b　　c

⑧　　③　　②

if a > b:

2-2

a　　b　　c

③　　⑧　　②

Yes! swap(a, b)

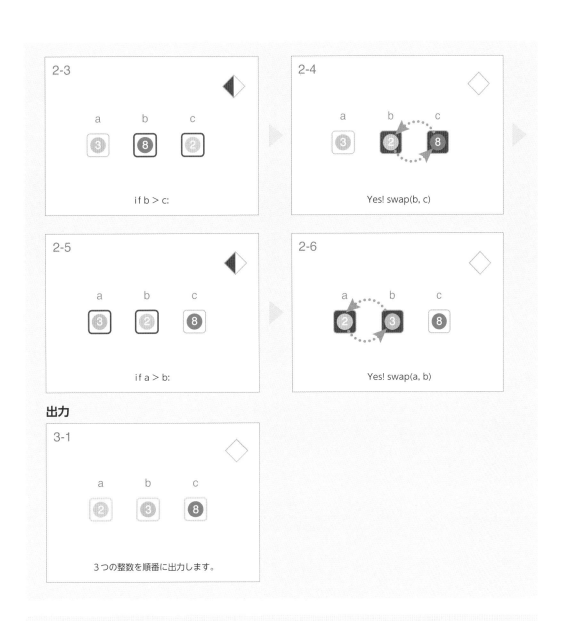

出力

　最初に、多くとも2回のスワップで、一番大きい値を3つ目の変数に移動することができます。すると後は、1つ目と2つ目の値を必要に応じてもう1回スワップすれば整列が完了します。多くとも3回のスワップ操作で、昇順に並べることができます。

```
# 入力
a ← 入力された整数
b ・ 入力された整数
c ← 入力された整数

# 整列
if a > b:
    swap(a, b)
if b > c:
    swap(b, c)
if a > b:
    swap(a, b)

# 出力
a の値を出力
b の値を出力
c の値を出力
```

3 つの要素の順列は $3! = 6$ 通りあるので、これらの条件文（例えば $a \le b$ and $b \le c$）とそれぞれの順列の出力を 6 通り書くこともできますが、スワップを用いた方法では 2 種類の条件分岐しか必要がなく、よりシンプルに実装することができます。

特徴　このアルゴリズムのアイデアを整数の列に対応して一般化すると、初等的整列アルゴリズムであるバブルソートになります。

11章

配列に対する基本クエリ
(Basic Query on Array)

コンピュータは、関連する複数の要素の列を配列変数で管理します。配列の要素に対しては、それらの統計情報や特徴を得るためのクエリ（質問）や、要素を変更するための操作が行われます。こられのクエリや操作には、全ての要素にアクセスするための繰り返し処理がともないます。

この章では、１次元配列構造に関するシンプルな問題を解くことによって、繰り返し処理や配列変数の扱い方について確認します。

・合計（サム）
・最小要素の値（ミニマム）
・最小要素の位置（ミニマムインデックス）

11-1 合計（サム） ★

整数の和 Sum of Integers

　データの集合に対する最も基本的な要求は、全ての要素を参照（読み込み）して、目的の値を得ることです。例えば、合計を求めるためには全ての要素の情報が必要になります。

与えられた N 個の整数の和を求めてください。

N 個の整数の列

全ての整数の合計値

合計（サム） Sum

　ここでは、与えられた整数の列を 1 次元の配列変数で管理します。また、この配列変数とは別に、和を記録する変数を用意します。

1 次元配列とシングルノード

	整数の列	A
	要素の合計値	sum

配列の要素を sum に加算していきます。

入力と初期化		
	整数の列を読み込みます。	
	合計値を 0 に初期化します。	sum ← 0
加算		
	i 番目の要素を読み込みます。	A[i]
	読み込んだ要素を sum に加算します。	sum ← sum + A[i]
	加算済みの範囲	区間 [0, i]
出力		
	合計値を出力します。	

入力と初期化

アルゴリズム・アニメーション

1-1

整数の列を入力して、sum を 0 に初期化します。

加算

2-1

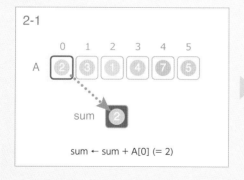

sum ← sum + A[0] (= 2)

2-2

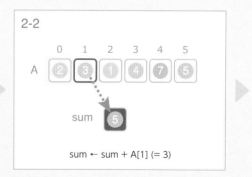

sum ← sum + A[1] (= 3)

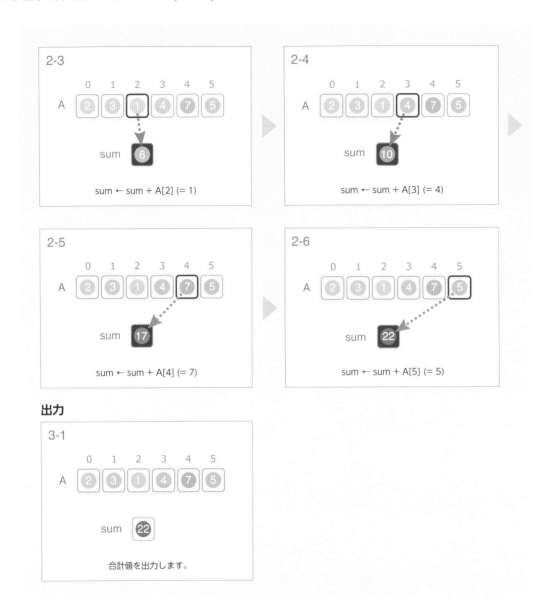

本事典の可視化では、繰り返し処理を連続するステップ（フレームの列）で表します。繰り返し処理によって、配列 A の要素を先頭から順番に読み込んでいき、それらの値を sum に加算していきます。sum は 0 に初期化しておきます。

```
# 入力と初期化
A ← 整数の列
sum ← 0

# 加算
for i ← 0 to N-1:
    sum ← sum + A[i]

sum の値を出力
```

　配列の要素の和を求める処理は、多くのプログラミング言語では便利な関数として準備されています。言語によっては、合計値を記録する変数の初期化が必要になるので注意しましょう。また、多くの要素を1つの変数に加算していくため、オーバーフローに注意する必要があります（その変数の型でどの範囲まで管理できるか、注意する必要があります）。

 特徴　　配列の要素の合計値を求める操作はとてもシンプルですが、一般的なアプリケーションにおいても使用頻度が高いアルゴリズムです。

11-2 最小要素の値（ミニマム） ★

整数の集合の最小値 Minimum Element in Integers

　データの集合に対する最小値・最大値は、データの全ての要素を参照して得られる最も汎用的な値のひとつです。これらの値を求める処理は、多くのアプリケーションやアルゴリズムに現れます。

与えられた N 個の整数の中で最も小さい「値」を求めてください。

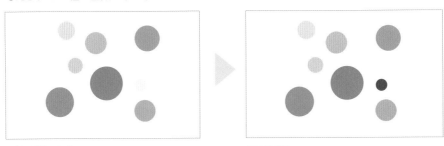

N 個の整数の集合　　　　　　　　　　　最小値の値

最小要素の値（ミニマム） Minimum

　与えられた整数の集合を 1 次元の配列変数に格納します。この配列以外に、最小値を格納する変数を用意します。

一次元配列とシングルノード

	入力の整数の列	A
	最小値	minv

数列の要素が最小値より小さいか調べます。

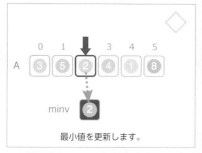

最小値を更新します。

入力と初期化		
▢	整数の列を読み込みます。	
▣	最小値を初期化します。	`minv ← INF`
最小値の更新		
◆	配列の要素と最小値を比較します。	`if A[i] < minv:`
↓	最小値を更新できる要素を指します。	`i`
■	最小値を更新します。	`minv ← A[i]`
▢	調べ終わった要素を拡張していきます。	`区間 [0, i]`
出力		
▢	最小値を出力します。	

入力と初期化

整数の集合を配列に入力し、最小値を初期化します。

アルゴリズム・アニメーション

最小値の更新

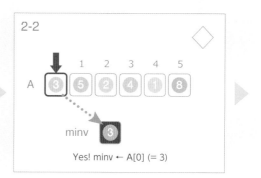

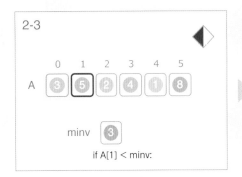

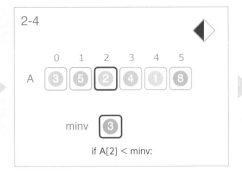

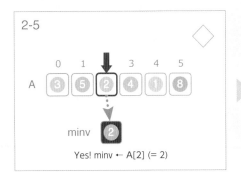

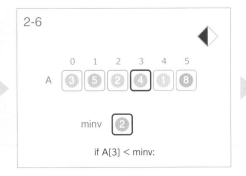

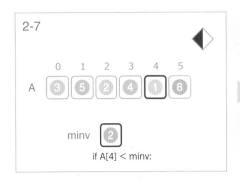

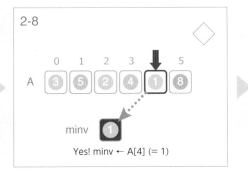

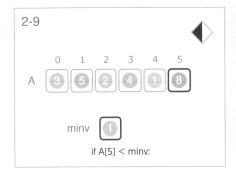

出力

3-1

最小値を出力します。

　配列の要素を先頭から順番に見ていき、それまでの最小値と比較し、現在の要素の方が小さければ最小値を更新していきます。最小値は適切に初期化します。最小を求めるので、変数の初期値は非常に大きい値に設定しておくか、配列のいずれかの要素を設定しておきます（例えば最初の要素）。本事典では、非常に大きい値を表すシンボルとして∞、対応するコード中の定数として INF という表記を用います。

```
# 入力と初期化
A ← 整数の列
minv ← INF

# 最小値の更新
for i ← 0 to N-1:
    if A[i] < minv:
        minv ← A[i]

minv を出力
```

　最大値を求める場合は、例えば変数 maxv を用意し、A[i] < minv の部分を A[i] > maxv へ置き換えます。最大値の場合は初期値として maxv を十分小さい値に設定する必要があることに注意してください。

 特徴　　配列あるいはその部分列内の最小値または最大値を求める処理は、様々なアルゴリズムやアプリケーションに現れます。

11-3 最小要素の位置（ミニマムインデックス） ★

整数の列の最小値の位置 Place of Minimum Element in Array

与えられるデータが順序のある列の場合、目的の「値」よりも、その要素の「位置」がアルゴリズムやプログラムの利便性を高くすることがあります。

与えられた N 個の整数の列の要素の中で、最も小さい要素の「位置」を求めてください。

N 個の整数の列

最小値の位置

最小要素の位置（ミニマムインデックス） Index of Minimum Value

与えられたデータの列を配列で管理し、最小値を保持する変数を使わずに、最小値を保持する配列要素の「位置」に目印を付けていきます。

	整数の列	A

1 次元配列

現在置の値と、最小値を比較します。

小さい方を選びます。

入力		
	整数の列を読み込みます。	
最小値の位置を更新		
◆	現在の要素と最小値を比較します。	`if A[i] < A[mini]:`
↓	最小値の位置を指します。	`mini`
	調べ終わった要素を拡張していきます。	`区間 [0, i]`
出力		
☐	最小値の位置を出力します。	

入力

1-1

整数の集合を配列に入力します。

アルゴリズム・アニメーション

最小値の位置を更新

2-1

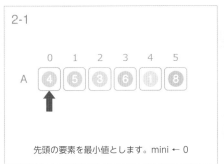

先頭の要素を最小値とします。mini ← 0

2-2

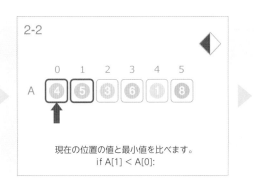

現在の位置の値と最小値を比べます。
if A[1] < A[0]:

105

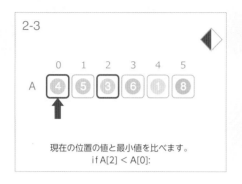

2-3

現在の位置の値と最小値を比べます。
if A[2] < A[0]:

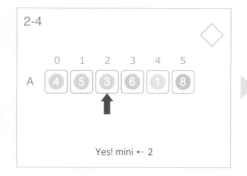

2-4

Yes! mini ← 2

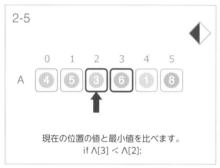

2-5

現在の位置の値と最小値を比べます。
if A[3] < A[2]:

2-6

現在の位置の値と最小値を比べます。
A[4] < A[2]:

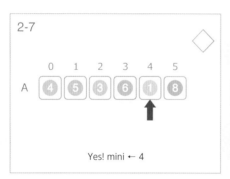

2-7

Yes! mini ← 4

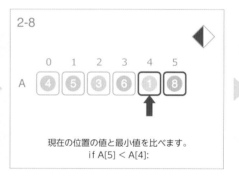

2-8

現在の位置の値と最小値を比べます。
if A[5] < A[4]:

最小値の位置を更新

3-1

最小値の位置を出力します。

最初に目印を配列の先頭に置き、配列の先頭要素から順番に見ていきます。目印の付いている現在の最小値と比較し、見ている値の方が小さければ目印を移動します。最後に目印が付いている要素が最小値になり、その位置が求めたいものになります。

```
# 入力
A ← 整数の列

# 最小値の位置を更新
mini ← 0

for i ← 1 to N-1:
    if A[i] < A[mini]:
        mini ← i

mini を出力
```

関数として実装する場合は以下のようになります。

```
#   配列 A の区間 [b，e) の要素のうち最小値の位置を求める
minimum(A, b, e):
    mini ← b
    for i ← b to e-1:
        if A[i] < A[mini]:
            mini ← i

    return mini
```

以降はこの処理をより使いやすいように minimum(A, a, b) という関数として利用します。この関数は配列 A の a 番目の要素から b-1 番目の要素の中で最も小さいものの位置を返します。

特徴　　配列あるいはその部分列内の最小値または最大値の位置を求める処理は、様々なアルゴリズムに応用されます。例えば、配列の特定範囲から最小値の位置を求める処理は、初等的整列アルゴリズムの選択ソートに応用されます。

12章

探索
(Search)

大量のデータの中から、目的の値を探す「探索」は情報処理の最も基本的な操作です。データのサイズだけではなく、その並びや特徴を考慮してアルゴリズムを選択することが重要です。

この章では、最も単純な探索アルゴリズムとデータの特徴を活かした高速な探索アルゴリズムを獲得します。

- ・線形探索
- ・二分探索

12-1 線形探索 ★

ランダムな整数列に対する探索 Search from Sequence

　順序のあるデータの列の中から、目的のデータを探し出すことを探索と言います。探索のアルゴリズムは情報処理の基本で、様々なアプリケーションに使われています。

　配列の中から、指定された値を探してください。指定された値が存在しない場合は、そのことを報告し、存在すれば最初に見つかった位置を求めてください。

整数の列と 1 つの目的の値
要素数 N ≤ 1,000,000

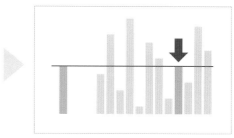

最初に見つかった目的の値の位置

線形探索 Linear Search

　配列の先頭の要素から漏れなく順番に見ていき、目的の値と等しいかどうか比較していきます。

1 次元配列とシングルノード

	探索対象となる整数の列	A
	目的の値	key

現在地の値と目的の値を比較します。

目的の値と一致する最初の要素の位置を
返します。

入力		
	探索対象となる数列を読み込みます。	
■	目的の値を読み込みます。	
探索		
◀	目的の値と等しいか比較します。	`if A[i] = k:`
↓	目的の値と一致する最初の要素の位置を指します。	`i`
	探索済みの要素を拡張していきます。	`区間[0, i]`

入力

1-1

整数の列とキーを入力します。

アルゴリズム・アニメーション

探索

2-1

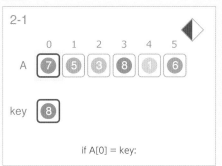

if A[0] = key:

2-2

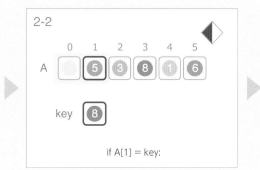

if A[1] = key:

12
-
1

線形探索

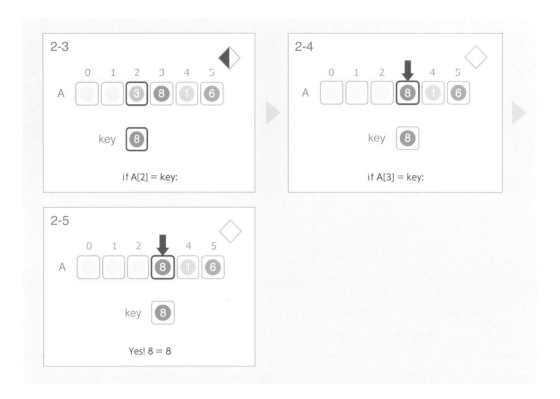

　線形探索は配列の先頭の要素から漏れなく順番に比較していき、目的の値と等しい値が見つかったとき、あるいは全ての要素を調べつくしたときに終了します。見つかったときはその位置を返して終了します。すべての要素を調べて一致しなかった場合は、存在しないと判断します。

関数として実装します

```
# 配列 A の区間 [0, N) から key の位置を求める
linearSearch(A, N, key):
    for i ← 0 to N-1:
        if A[i] = key:
            return i

    return NIL  # 存在しない
```

　配列の中に目的の値が存在しない場合は、すべての要素をチェックすることになります。よって線形探索のオーダーは O(N) になります。単一のクエリに対しては、実用的なオーダーですが、探索の回数が Q 回必要な場合はオーダーが O(QN) となるので、複数回のクエリを処理する場合は、効率の悪いアルゴリズムに分類されます。

特徴　線形探索は、対象となる配列の要素の並びに制約がありません。計算効率は優れていませんが、あらゆるデータの列に対して適用することができます。

12-2　二分探索　★★

整列された整数列に対する探索　Search from Sorted Sequence

　コンピュータで扱うデータは、ほとんどの場合、よく整理され管理されています。例えば、辞書はアルファベット順（辞書順）に整理されています。これは、データを探しやすくするためです。この特徴を使えば、探索アルゴリズムは劇的に高速化することができます。

　要素が昇順に整列された配列の中から、指定された値を探してください。指定された値が存在しない場合はそのことを報告し、存在すればその位置を求めてください。

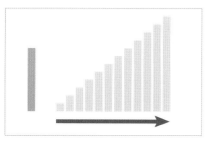

整数の列と目的の値
列の要素は昇順に並べられている
要素の数 N ≤ 1,000,000

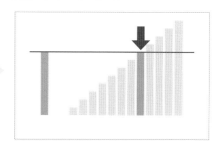

目的の値の位置

二分探索 Binary Search

配列の要素と目的の値の大小関係を利用し、探索範囲を絞り込みながら、探索を進めます。

	0	1	2	3	4	5	6	7	8	9	10	11	12	13	14	15
A	1	3	4	7	9	12	13	17	18	21	23	26	29	31	32	35

key 26

1 次元配列とシングルノード

	探索対象となる整数の列。要素は昇順に整列されている必要がある。	A
	目的の値	key

	0	1	2	3	4	5	6	7	8	9	10	11	12	13	14	15
A									18	21	23	26	29	31	32	35

key 26

真ん中の値の大小関係を調べ、前半または後半へ絞り込みます。

入力		
	整数の列を読み込みます。	
	目的の値を読み込みます。	
探索		
	探索範囲の中央の値とキーを比較します。	`if A[mid] = key:`
	探索範囲の先頭を指します。	`left`
	探索範囲の末尾を指します。	`right`
	目的の値の位置を指します。	`mid`
	探索の範囲を縮小していきます。	`区間[l, r]`

入力

1-1

```
        0   1   2   3   4   5   6   7   8   9  10  11  12  13  14  15
A      [1] [3] [4] [7] [9] [12][13][17][18][21][23][26][29][31][32][35]

key    [26]
```

整数の列と目的の値を入力します。

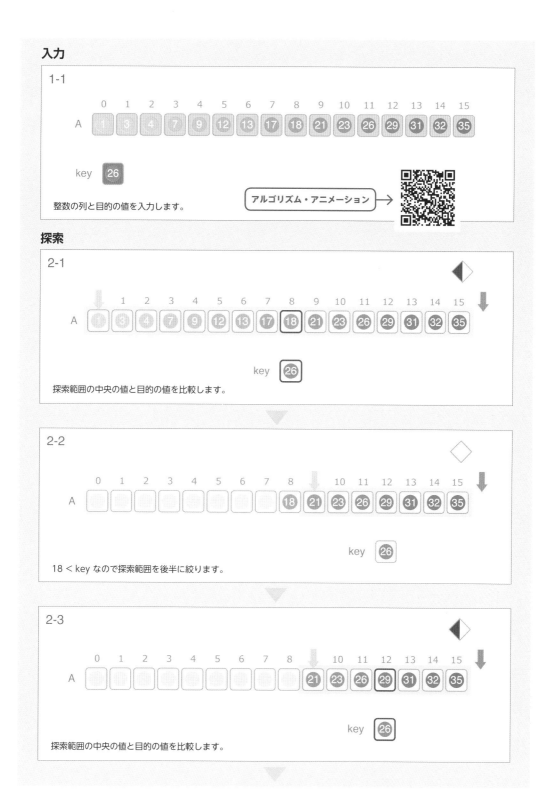

アルゴリズム・アニメーション →

探索

2-1

```
        0   1   2   3   4   5   6   7   8   9  10  11  12  13  14  15
A      (1) (3) (4) (7) (9) (12)(13)(17)(18)(21)(23)(26)(29)(31)(32)(35)

                                        key [26]
```

探索範囲の中央の値と目的の値を比較します。

2-2

```
        0   1   2   3   4   5   6   7   8   9  10  11  12  13  14  15
A                                       (18)(21)(23)(26)(29)(31)(32)(35)

                                            key [26]
```

18 < key なので探索範囲を後半に絞ります。

2-3

```
        0   1   2   3   4   5   6   7   8   9  10  11  12  13  14  15
A                                           (21)(23)(26)(29)(31)(32)(35)

                                            key [26]
```

探索範囲の中央の値と目的の値を比較します。

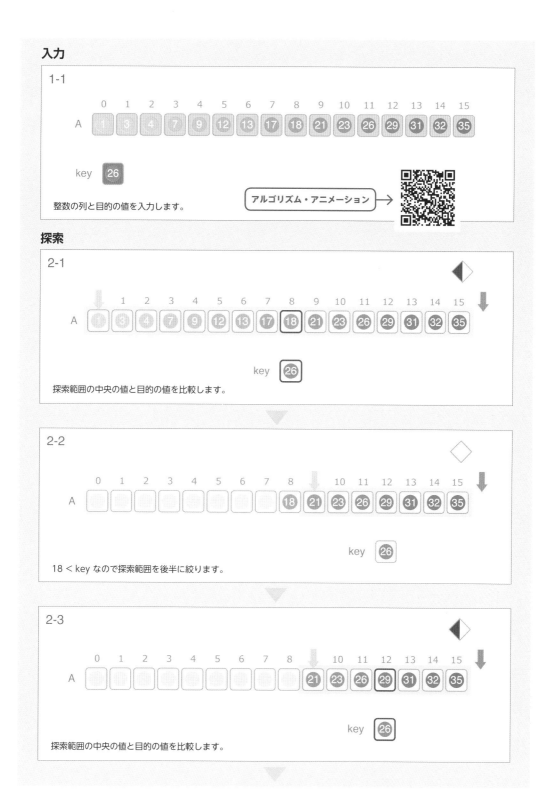

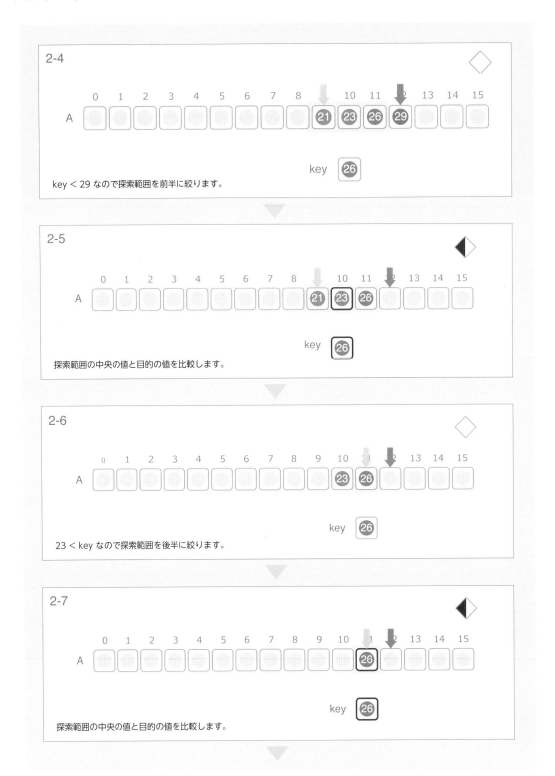

2-4

key < 29 なので探索範囲を前半に絞ります。

2-5

探索範囲の中央の値と目的の値を比較します。

2-6

23 < key なので探索範囲を後半に絞ります。

2-7

探索範囲の中央の値と目的の値を比較します。

2-8

key 26

目的の値と一致したので、その位置を返します。

　現在の探索範囲の中央の値と目的の値の大小関係をもとに、探索範囲を半分に絞り込んでいきます。探索範囲は区間 [left, right) で表します。まず、探索範囲の中央の位置 mid を (left + right)/2 によって求めます。割り算の結果の小数点以下は切り捨てます。中央の値と目的の値が等しければ、目的の値が発見できたので、mid を返して探索は終了します。目的の値が中央の値よりも大きければ、探索範囲は中央よりも後方に絞り込むことができるので、left を mid+1 に更新して探索を続けます。一方、目的の値が中央の値より小さければ、前方に絞り込むことができるので、right を mid に更新して探索を続けます。

関数として実装します。

```
# 要素数 N の配列 A の区間 [0, N) から key の位置を探す
binarySearch(A, N, key):
    left ← 0
    right ← N
    while left < right:
        mid ← (left + right)/2
        if  A[mid] = key:
            return mid
        elsif A[mid] < key:
            left ← mid + 1
        else:
            right ← mid

    return NIL  # 存在しない
```

　二分探索は、最悪の場合は探索範囲が 1 つになるまで、範囲を半分に絞り込んでいきます。従って、要素の数 N をそれが 1 になるまで 2 で何回割れるかが、最悪の計算ステップになります。よってオーダーは O(log N) になります。最悪の計算ステップの回数は $\log_2 N$ ですが、O 記法では、定数の 2 は無視することができます。

　オーダーが O(log N) の二分探索は大変強力です。要素数が 1,000,000 であっても、20 回程度の計算ステップで探索が終了します。これは線形探索の 50,000 倍高速です。

> **特徴**
>
> 　多くの検索アルゴリズムの基礎となるアルゴリズムです。要素が単調に増加する数列を扱う問題やアルゴリズムに適用できる可能性があります。また、二分探索は増加する数の列だけではなく、単調に増加する関数 y = f(x) の解を求めるような問題にも応用することができるため、汎用性の高いアルゴリズムです。

13章

配列要素の並び替え

(Rearranging Array Elements)

多くのアルゴリズムは、データを整理するために、配列の要素の順序を変更する操作をともないます。すでに整列された部分列を組み合わせたり、要素をグループ分けする操作は、高等的な整列アルゴリズムにも応用されます。

この章では、配列の要素の位置を変更し、目的の順列に変換するための基本的なアルゴリズムを獲得します。

- ・リバース
- ・挿入
- ・マージ
- ・パーティション

13-1 リバース ★

区間の反転 Reverse of Segment

　配列、または指定された範囲の要素を逆順にするリバースは、列の区間に対する要素の順番を入れ替える最も基本的な操作です。

整数の列の要素を逆順に並び替えてください。

整数の列
要素の数 N ≤ 1,000

要素が逆順になった整数の列

リバース Reverse

　リバース処理は、スワップ関数を応用することで、入力データを格納する配列1つで実現することができます。

1 次元配列

整数の列	A

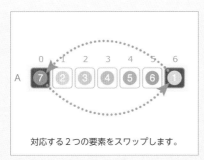

入力と初期化		
□	整数の列を読み込みます。	
リバース		
■	2つの要素を交換します。	swap(A[i], A[j])
□	再配置済みの要素を拡張していきます。	区間[0, i]と区間[j, N)
出力		
□	整数の列を出力します。	

対応する2つの要素をスワップします。

入力

1-1

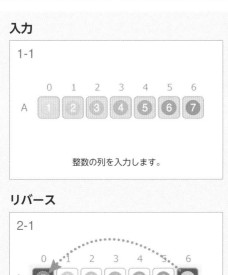

整数の列を入力します。

アルゴリズム・アニメーション

リバース

2-1

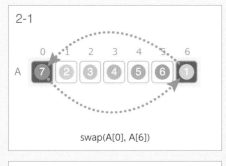

swap(A[0], A[6])

2-2

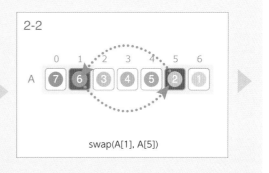

swap(A[1], A[5])

2-3

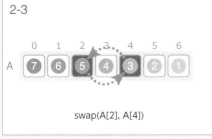

swap(A[2], A[4])

出力

3-1

逆順になった整数の列を出力します。

　配列の中央を軸として対象となる 2 つの要素をスワップしていくことで、配列の要素を逆順に並べ変えます。対象となる 2 つの要素の添え字をそれぞれ i と j とすると、i = 0, 1, 2, ..., N/2 - 1, i のペアとなる j は、i を使って N-(i+1) = N-i-1 と求まります。

```
A ← 整数の列

for i ← 0 to N/2 - 1:
    j ← N-i-1
    swap(A[i], A[j])

A を出力
```

一般化した関数として実装する場合。

```
# 配列 A の区間 [l, r) を反転する
reverse(A, l, r):
    for i ←  l to l + (r-l)/2 - 1:
        j ← r - (i-l) - 1
        swap(A[i], A[j])
```

　スワップの回数は、配列のサイズの半分である N/2 回になります。よってリバースのオーダーは O(N) です。リバース処理は、reverse(A, l, r) のように区間 [l, r) を反転する関数として汎用化することができます。

> **特徴**　昇順に整列されている列を降順に、降順に整列されている列を昇順に変換したい場合にも、リバースを使うことができます。

13-2 挿入 ★

整列済みの列への要素の追加 Add an Element to Sorted Sequence

　すでに解決された部分問題の解を有効活用すれば、全体の問題を効率よく解くことができます。すでに整列された部分列に、1 つの要素を追加してみましょう。

昇順に整列された整数の列に、昇順を保つように 1 つの整数を追加してください。

最後の要素以外は昇順に整列みの整数の列
要素の数 N ≤ 100

整列済みの整数の列

挿入 Insertion

　挿入する値を保持しておく一時変数 t を用意し、末尾から前方に向かって t の値を挿入する位置を探します。

	0	1	2	3	4	5	6
A	1	2	4	5	8	9	3

t 3

1 次元配列とシングルノード

	整数の列	A
	一時的に保存された挿入する値	t

挿入できるか比較します。

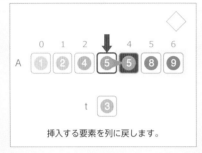

挿入する要素を列に戻します。

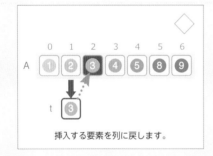

挿入する要素を列に戻します。

入力		
▨	整数の列を入力します。	
▨	挿入する値を一時的に退避します。	
挿入		
◀	現在の値と挿入する値を比べます。	`if A[j] > t:`
↓	挿入する値より大きく、後方へ移動する要素を指します。	`j`
▨	前方の値で上書きします。	`A[j+1] ← A[j]`
	整列済みの範囲を拡張していきます	`区間 [j+1, N)`
出力		
□	整列された整数の列を出力します。	

アルゴリズム・アニメーション

入力

1-1

整数の列を入力します。

2-2

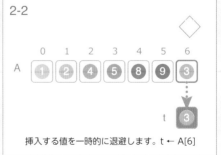

挿入する値を一時的に退避します。t ← A[6]

挿入

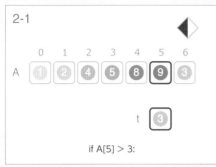

2-1

	0	1	2	3	4	5	6
A	1	2	4	5	8	9	3

t 3

if A[5] > 3:

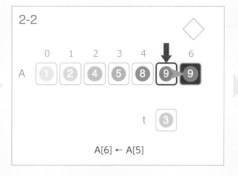

2-2

	0	1	2	3	4	5	6
A	1	2	4	5	8	9	9

t 3

A[6] ← A[5]

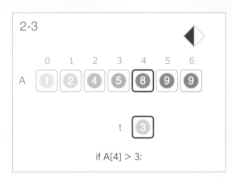

2-3

	0	1	2	3	4	5	6
A	1	2	4	5	8	9	9

t 3

if A[4] > 3:

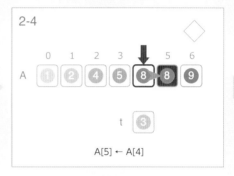

2-4

	0	1	2	3	4	5	6
A	1	2	4	5	8	8	9

t 3

A[5] ← A[4]

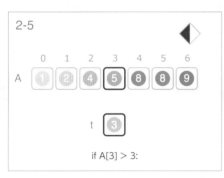

2-5

	0	1	2	3	4	5	6
A	1	2	4	5	8	8	9

t 3

if A[3] > 3:

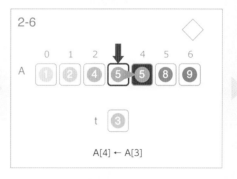

2-6

	0	1	2	3	4	5	6
A	1	2	4	5	5	8	9

t 3

A[4] ← A[3]

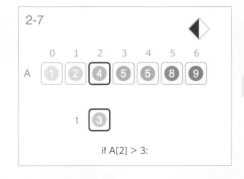

2-7

	0	1	2	3	4	5	6
A	1	2	4	5	5	8	9

t 3

if A[2] > 3:

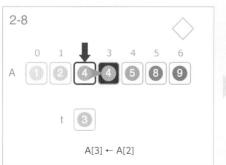

2-8

	0	1	2	3	4	5	6
A	1	2	4	4	5	8	9

t 3

A[3] ← A[2]

-
2

挿入

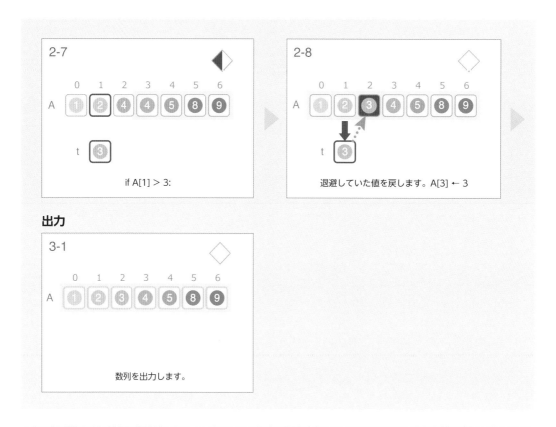

2-7

```
     0   1   2   3   4   5   6
A   ①  ②  ④  ④  ⑤  ⑧  ⑨

t   ③
```

if A[1] > 3:

2-8

```
     0   1   2   3   4   5   6
A   ①  ②  ③  ④  ⑤  ⑧  ⑨

t   ③
```

退避していた値を戻します。A[3] ← 3

出力

3-1

```
     0   1   2   3   4   5   6
A   ①  ②  ③  ④  ⑤  ⑧  ⑨
```

数列を出力します。

　配列要素の順列の変換では、配列以外の空間を準備し、計算や実装を工夫することができます。挿入操作では、指定された最後尾の値を一時変数 t に記録しておき、整列済みの部分で t の値が挿入できる位置を後方から先頭に向かって探します。この過程で、t の値より大きい要素をひとつ後方へずらしていきます（コピーします）。t の値以下の要素が見つかったとき、そのひとつ後方の空き領域に t の値を戻し、処理を終了します。挿入する値が最小値だった場合は、全ての要素を後方にずらした後に、先頭に挿入されます。

```
# 配列 A の要素 i を挿入する
# 区間 [0，i) は昇順に整列されている
insertion(A, i):
    j ← i - 1
    t ← A[i]

    while True:
        if j < 0:
            break
        if not  (j ≥ 0 and A[j] > t):
            break
        A[j+1] ← A[j]
        j ← j - 1

    A[j+1] ← t
```

　挿入操作では、挿入したい値よりも大きい要素は、後方へ移動する必要があります。最悪の場合は、挿入したい値がどの要素よりも小さい場合で、このとき全ての要素をひとつずつ移動する必要があります。よって挿入操作のオーダーは O(N) になります。配列 A の最後尾の要素 i を指定した挿入操作を関数 insertion(A, i) として定義します。

特徴　insertion は、初等的整列アルゴリズムである挿入ソートの基本操作になります。

13-3 マージ ★

それぞれ整列済みの2つの列の整列 Sorting Two Sorted Sequences

　それぞれ解決済みの複数の部分問題の解を利用すれば、その特性を利用し、もともとの問題をより効率よく解決できる場合があります。2つの部分問題の解を統合して、問題を解いてみましょう。

それぞれ昇順に整列された2つの整数の列を、1つの昇順に整列された整数の列として統合（マージ）してください。これら2つの部分列は、それらがそれぞれ前後に配置された1つの列で与えられます。

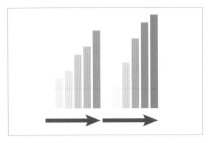
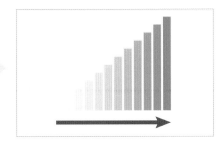

前半と後半がそれぞれ整列済みの整数の列
列の要素数 N ≤ 100,000

整列された整数の列

マージ Merge

　すべての要素を一時的に退避しておくためのもう1つの配列を用意します。退避した要素を元の配列に戻す過程で全体を昇順に並べ替えます。

	0	1	2	3	4	5	6
A	1	2	4	5	9	11	12

	0	1	2	3	4	5	6
T							

2つの一次元配列

	整数の列	A
	一時的に退避した整数の列	T

それぞれの先頭の要素を比較します。

小さい要素を配列に戻し、矢印を進めます。

入力とデータの退避		
 	入力データを退避します。	
 	後半をリバースします。	
マージ		
◀	どちらのグループの先頭が小さいか調べます。	if T[i] ≤ T[j]:
 	選択された要素を戻します。	A[k] ← T[?]
↓	前半部分の現在地を指します。	i
↓	後半部分の現在地を指します。	j
 	ソート済みの部分を拡張していきます。	区間[l, k]
出力		
 	整列された整数の列を出力します。	

入力とデータの退避

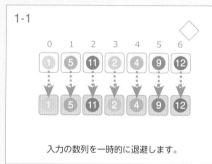

入力の数列を一時的に退避します。

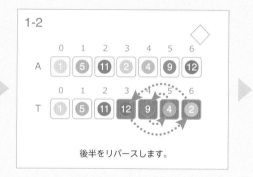

後半をリバースします。

入力とデータの退避

if T[0] ≤ T[6]:

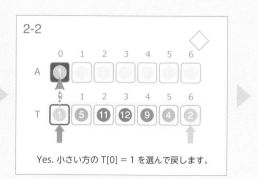

Yes. 小さい方の T[0] = 1 を選んで戻します。

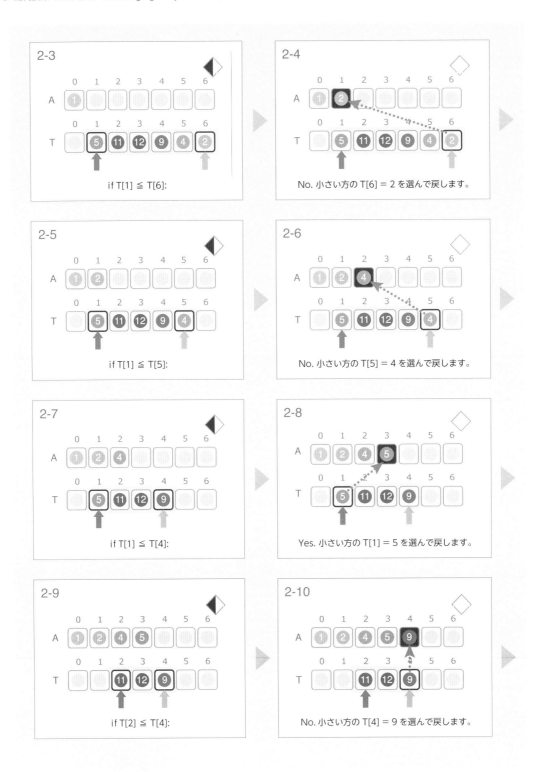

2-3

if T[1] ≦ T[6]:

2-4

No. 小さい方の T[6] = 2 を選んで戻します。

2-5

if T[1] ≦ T[5]:

2-6

No. 小さい方の T[5] = 4 を選んで戻します。

2-7

if T[1] ≦ T[4]:

2-8

Yes. 小さい方の T[1] = 5 を選んで戻します。

2-9

if T[2] ≦ T[4]:

2-10

No. 小さい方の T[4] = 9 を選んで戻します。

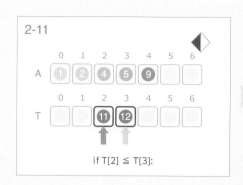

2-11

if T[2] ≦ T[3]:

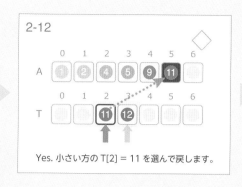

2-12

Yes. 小さい方の T[2] = 11 を選んで戻します。

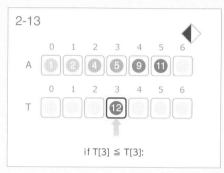

2-13

if T[3] ≦ T[3]:

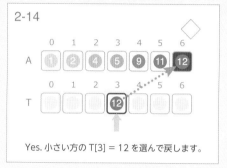

2-14

Yes. 小さい方の T[3] = 12 を選んで戻します。

出力

3-1

整列された数列を出力します。

アルゴリズム・アニメーション

　整列された2つの部分の要素を一時的に退避する配列にコピーします。この後、後半の部分をリバースしておきます。マージ処理では、前方、後方それぞれの先頭のうち小さい要素を選びながら、もとの配列に戻していきます。後半をリバースする工夫によって、片方の列が空になった場合、その矢印がもう片方の最終要素を指すようになります。

```
# 配列 A の区間 [l, m) の要素と区間 [m, r) の要素をマージする
# それぞれの区間の要素は昇順に整列されている
merge(A, l, m, r):
    for i ← 0 to m-1:
        T[i] ← A[i]

    reverse(T, m, r)

    i ← l
    j ← r-1

    for k ← 1 to r-1:
        if T[i] ≤ T[j]:
            A[k] ← T[i]
            i ← i + 1
        else:
            A[k] ← T[j]
            j ← j   1


# 配列全体について、前半・後半に分けてマージする場合の使用例
merge(A, 0, N/2, N)
```

　配列の前半の要素と後半の要素がそれぞれ昇順に整列済みであれば、効率よく全体を整列することができます。それぞれの先頭要素の比較と要素のコピーは N 回行われるので、マージのオーダーは O(N) になります。一方、配列の要素全体を一時的に別な配列へ退避するため、入力サイズの 2 倍のメモリが必要になります。

特徴　　それぞれ整列された 2 つの部分配列のマージは、高等的整列アルゴリズムであるマージソートの基本操作になります。

13-4 パーティション ★★

要素を大小関係でグループ化 Grouping Elements

数列の要素を、ある条件を満たすようにグループ化する操作は、部分的な整理を行うシンプルなものですが、数列全体を効率よく整列するための強力な部品になります。

配列の適当な 1 つの要素を基準として、基準より小さいグループと大きいグループに分割してください。

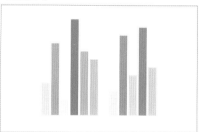 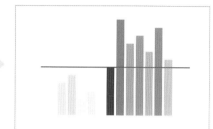

整数の列
要素の数 N ≤ 100,000

適当な基準より小さいグループを前方に、大きいグループを後方に配置

パーティション Partition

パーティションは、前方からひとつずつ要素を確認し、列の前方に基準値より小さい要素、後方に大きい要素を移動していきます。ここでは、基準値を末尾の値とします。分割処理における要素の移動は、スワップ処理のみで行うことができ、1 つの配列内で実現することができます。

	整数の列	A

1 次元配列

133

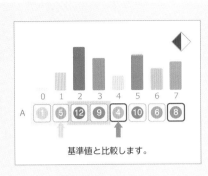

基準値と比較します。

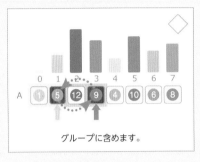

グループに含めます。

入力		
	整数の列を読み込みます。	
分割		
◀	基準値と比較します	if A[j] < A[r]:
■	大きいグループの先頭とスワップします	swap(A[i], A[j])
	基準より小さい要素を含むグループを拡張していきます。	区間[l, i]
	基準より大きい要素を含むグループを拡張していきます。	区間[i+1, j]
↑	基準より小さい要素を含むグループの右端を指します。	i
↓	基準より大きい要素を含むグループの右端を指します。	j
出力		
	グループ分けされた整数の列を出力します。	

入力

1-1

整数の列を入力します。

アルゴリズム・アニメーション

分割

2-1

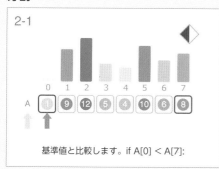

基準値と比較します。if A[0] < A[7]:

2-2

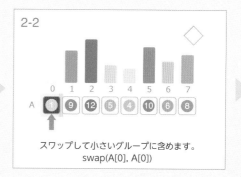

スワップして小さいグループに含めます。
swap(A[0], A[0])

2-3

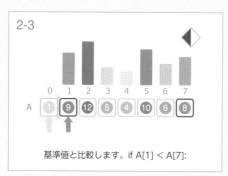

基準値と比較します。if A[1] < A[7]:

2-4

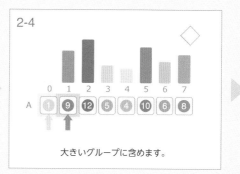

大きいグループに含めます。

2-5

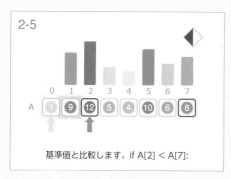

基準値と比較します。if A[2] < A[7]:

2-6

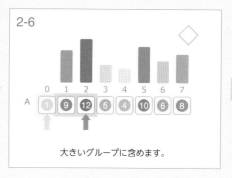

大きいグループに含めます。

2-7

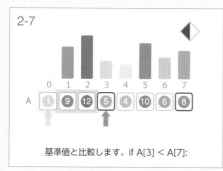

基準値と比較します。if A[3] < A[7]:

2-8

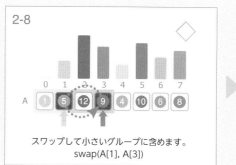

スワップして小さいグループに含めます。
swap(A[1], A[3])

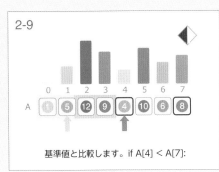

2-9

基準値と比較します。if A[4] < A[7]:

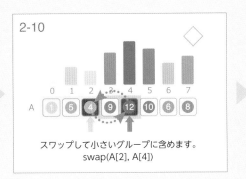

2-10

スワップして小さいグループに含めます。
swap(A[2], A[4])

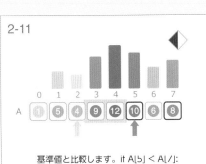

2-11

基準値と比較します。if A[5] < A[7]:

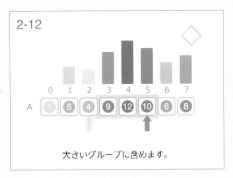

2-12

大きいグループに含めます。

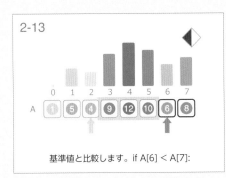

2-13

基準値と比較します。if A[6] < A[7]:

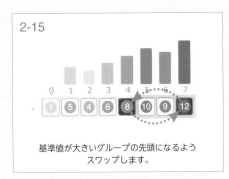

2-14

スワップして小さいグループに含めます。
swap(A[3], A[6])

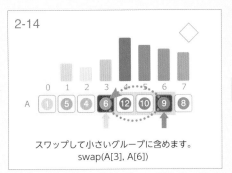

2-15

基準値が大きいグループの先頭になるよう
スワップします。

出力

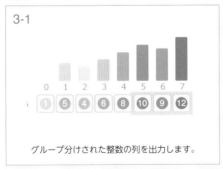

3-1

グループ分けされた整数の列を出力します。

　先頭の要素から順番に基準値と比べていき、それをどちらのグループに属させるかを決めていきます。基準値以上の場合は、そのまま大きいグループに含めます。逆に、基準値より小さい場合は、大きいグループの先頭とスワップし、1つ拡張した小さいグループに含めます。最後に、基準値を小さいグループと大きいグループの間に移動するために、大きいグループの先頭と末尾の要素（基準値）をスワップします。ここで、配列の中で基準値の位置が決定します。

```
# 配列 A の区間 [l, r] を A[r] の値を基準に分割する
partition(A, l, r):
    p ← l
    i ← p-1
    for j ← p to r-1:
        if A[j] < A[r]:
            i ← i+1
            swap(A[i], A[j])

    i ← i + 1
    swap(A[i], A[r])
    return i

# 配列 A の全体を分割する場合の使用例
q ← partition(A, 0, N-1)
```

　各要素をどちらかのグループに含める操作を N 回行うので、分割処理のオーダーは O(N) になります。この処理は、配列 A の区間 [l, r] を基準値 A[r] で小さいグループと大きいグループに分割する関数 partition(A, l, r) として定義します。partition は要素の順列を変えつつ分割後の基準値の位置を返します。

　ある基準値を軸に、配列の要素をグループ化する分割処理は、高等的整列アルゴリズムであるクイックソートの基本操作になります。

14章

遅いソート
(Sorting)

　電話帳や辞書など、データのリストはなんらかの基準で整列されています。なぜなら、整列されたデータは探索を効率化するからです。そこで、様々な整列アルゴリズムが考案されてきました。整列アルゴリズムは、入力の配列を、その中の要素の順列として、昇順または降順に変換します。

　この章では、これまで獲得してきた基本操作で実現できる、初等的な整列アルゴリズムを獲得します。

・バブルソート
・選択ソート
・挿入ソート

14-1 バブルソート

整数列の整列 Sorting Integers

データをそれらがもつある共通のキーを基準に整列することは情報処理の基本です。ここでは、要素数が比較的少ない、整数の列を整列することを考えます。

整数の列 $\{a_0, a_1, ..., a_N\}$ を小さい順に並べ替えてください。

整数の列
N ≤ 100
$a_i \le 10^9$

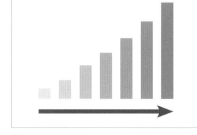

整列された整数の列

バブルソート Bubble Sort

バブルソートは、配列を前方のソート済み部分と後方の未ソート部分に分け、隣り合う要素を比較し逆順の組をスワップする処理を繰り返し、ソート済みの要素を決定していきます。

	整数の列	A

A ④ ⑤ ⑦ ⑨ ⑫

1 次元配列

隣り合う要素を比較します。

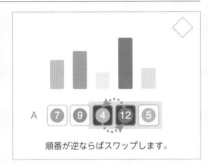

順番が逆ならばスワップします。

入力		
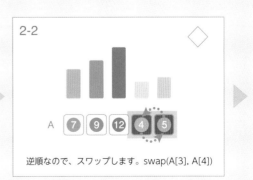	整数の列の列を入力します。	
整列		
◀	隣り合う要素の大小関係を調べます。	`if A[j-1] > A[j]:`
■	2つの要素をスワップします。	`swap(A[j-1], A[j])`
	ソート済みの部分を拡張していきます。	区間 `[0, i)`
	後方から隣り合う要素を比較した部分を拡張していきます。	区間 `[j-1, N)`
出力		
□	整列された整数の列を出力します。	

入力

1-1

```
   0  1  2  3  4
A  7  9  12 5  4
```

整数の列を入力します。

アルゴリズム・アニメーション

整列

2-1

隣り合う要素を比較します。if A[3] > A[4]:

2-2

逆順なので、スワップします。swap(A[3], A[4])

2-3

A [7] [9] [**12**] [**4**] [5]

隣り合う要素を比較します。if A[2] > A[3]:

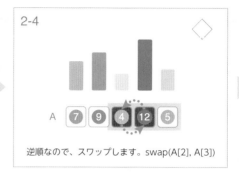

2-4

A [7] [9] [**4**] [**12**] [5]

逆順なので、スワップします。swap(A[2], A[3])

2-5

A [7] [**9**] [**4**] [12] [5]

隣り合う要素を比較します。if A[1] > A[2]:

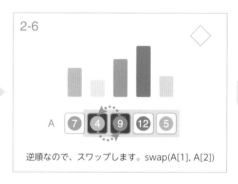

2-6

A [7] [**4**] [**9**] [12] [5]

逆順なので、スワップします。swap(A[1], A[2])

2-7

A [**7**] [**4**] [9] [12] [5]

隣り合う要素を比較します。if A[0] > A[1]:

2-8

A [**4**] [**7**] [9] [12] [5]

逆順なので、スワップします。swap(A[0], A[1])

2-9

A [4] [7] [9] [**12**] [**5**]

隣り合う要素を比較します。if A[3] > A[4]:

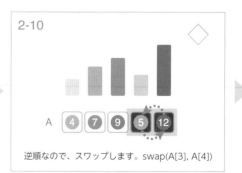

2-10

A [4] [7] [9] [**5**] [**12**]

逆順なので、スワップします。swap(A[3], A[4])

2-11

A 4 7 9 5 12

隣り合う要素を比較します。if A[2] > A[3]:

2-12

A 4 7 5 9 12

逆順なので、スワップします。swap(A[2], A[3])

2-13

A 4 7 5 9 12

隣り合う要素を比較します。if A[1] > A[2]:

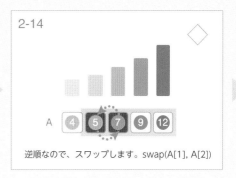

2-14

A 4 5 7 9 12

逆順なので、スワップします。swap(A[1], A[2])

2-15

A 4 5 7 9 12

隣り合う要素を比較します。if A[3] > A[4]:

2-16

A 4 5 7 9 12

隣り合う要素を比較します。if A[2] > A[3]:

2-17

A 4 5 7 9 12

隣り合う要素を比較します。if A[3] > A[4]:

出力

3-1

A 4 5 7 9 12

整列された整数の列を出力します。

　前方から 1 つずつソート済みの要素を決定していきます。ソート済みの要素を決定するために、最後尾から未ソートの部分の先頭まで、隣り合う要素同士を比較していき、必要に応じてスワップしていきます。この操作により、未ソートの部分の最小値が未ソートの部分の先頭（つまりソート済みの末尾）に移動します。この処理を、未ソートの部分がなくなるまで繰り返します。

```
bubbleSort(A, N):
    for i ← 0 to N-2:
        for j ← N-1 downto i+1
            if A[j-1] > A[j]:
                swap(A[j-1], A[j])
```

　泡が水面に上がっていくようにデータが動いていくため、「バブル」ソートと呼ばれます。1番小さい要素を先頭に移動するためにスワップ処理を N − 1 回、2 番目に小さい要素をソート済み部分の末尾へ移動するためにスワップ処理を N − 2 回、…、という具合にスワップ処理によって最小値をソート済み部分の末尾へ移動する処理を N 回行います。よって全体の比較・スワップ回数の総数は (N − 1) + (N − 2) + ,.., + 1 ＝ N(N − 1)/2 回になり、バブルソートのオーダーは $O(N^2)$ となります。

> **特徴**　バブルソートは、最も素朴なソートアルゴリズムのひとつです。計算効率が悪いため、実用的ではありませんが、隣接する要素のスワップ処理を繰り返してデータを移動する操作は、いくつかのアルゴリズムで応用されます。

14-2 選択ソート

★
★

整数列の整列 Sorting Integers

　データをそれらがもつある共通のキーを基準に整列することは情報処理の基本です。ここでは、要素数が比較的少ない、整数の列を整列することを考えます。

整数の列 $\{a_0, a_1, ..., a_N\}$ を小さい順に並べ替えてください。

整数の列
N ≤ 100
$a_i ≦ 10^9$

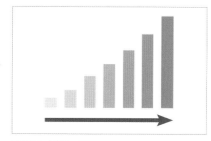

整列された整数の列

　選択ソート Selection Sort

　選択ソートは、配列を前方のソート済み部分と後方の未ソート部分に分け、未ソート部分から最小値を探索し、未ソートの部分の先頭とスワップすることで、ソート済み部分へ追加していきます。

	整数の列	A

0　1　2　3　4　5　6

A 7 9 12 2 5 4 3

1 次元配列

14
-
2

選択ソート

145

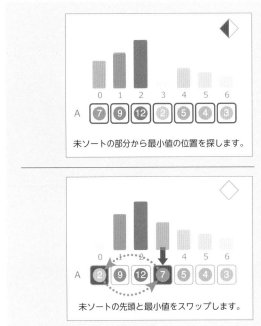

入力		
	整数の列を入力します。	
整列		
◀	未ソート部分から最小値を探します。	`minj ← minimum(A, i, N)`
↓	最小値を指します。	`minj`
■	未ソートの部分の先頭と最小値をスワップします。	`swap(A[i], A[minj])`
	ソート済みの範囲を拡張していきます。	`区間 [0, i)`
出力		
	整列された整数の列を出力します。	

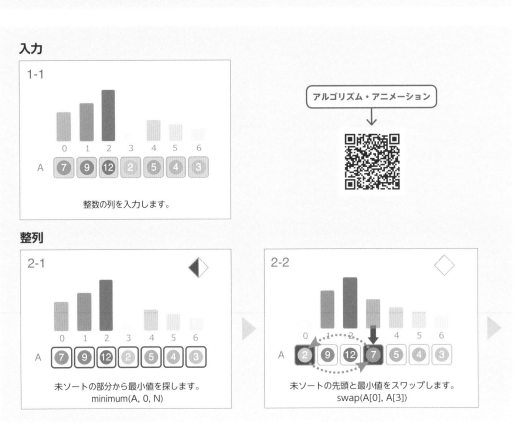

入力

1-1

整数の列を入力します。

アルゴリズム・アニメーション

整列

2-1

未ソートの部分から最小値を探します。
minimum(A, 0, N)

2-2

未ソートの先頭と最小値をスワップします。
swap(A[0], A[3])

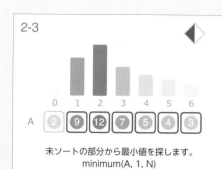

2-3

未ソートの部分から最小値を探します。
minimum(A, 1, N)

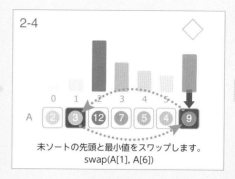

2-4

未ソートの先頭と最小値をスワップします。
swap(A[1], A[6])

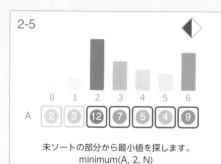

2-5

未ソートの部分から最小値を探します。
minimum(A, 2, N)

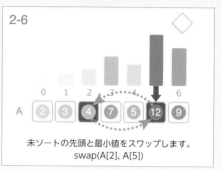

2-6

未ソートの先頭と最小値をスワップします。
swap(A[2], A[5])

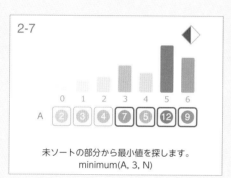

2-7

未ソートの部分から最小値を探します。
minimum(A, 3, N)

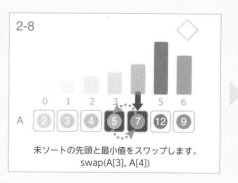

2-8

未ソートの先頭と最小値をスワップします。
swap(A[3], A[4])

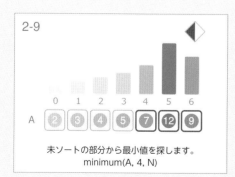

2-9

未ソートの部分から最小値を探します。
minimum(A, 4, N)

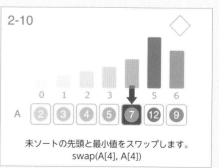

2-10

未ソートの先頭と最小値をスワップします。
swap(A[4], A[4])

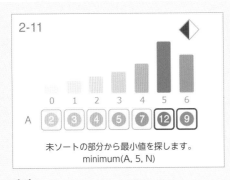

未ソートの部分から最小値を探します。
minimum(A, 5, N)

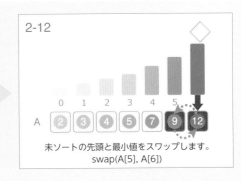

未ソートの先頭と最小値をスワップします。
swap(A[5], A[6])

出力

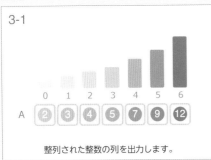

整列された整数の列を出力します。

　前方から1つずつソート済みの要素を決定していきます。未ソートの部分を対象に minimum(A, i, N) によって配列 A の区間 [i, N) の要素の中で最小値の位置 minj を特定し、その要素と未ソートの部分の先頭をスワップします。このとき、選択された要素が拡張されたソート済み部分に移動します。

```
selectionSort(A, N):
    for i ← 0 to N-2:
        minj ← minimum(A, i, N)
        swap(A[i], A[minj])
```

　1番小さい要素を先頭に移動するための最小値探索では比較が N − 1 回、2番目に小さい要素を移動するために比較を N − 2 回、...、という具合に最小値探索を N 回行います。よって全体の比較・スワップ回数の総数は (N − 1) + (N − 2) + ,..., +1=N(N − 1)/2 回となり、選択ソートのオーダーは $O(N^2)$ となります。

特徴　選択ソートは、最も素朴なソートアルゴリズムのひとつです。計算効率が悪いため、実用的ではありませんが、直観的な操作のため、初等的アルゴリズムの導入として適しています。

14-3 挿入ソート

★
★

整数列の整列 Sorting Integers

　データをそれらがもつある共通のキーを基準に整列することは情報処理の基本です。ここでは、要素数が比較的少ない、整数の列を整列することを考えます。

整数の列 $\{a_0, a_1, ..., a_N\}$ を小さい順に並べ替えてください。

整数の列
$N \leq 100$
$a_i \leq 10^9$

整列された整数の列

 挿入ソート Insertion Sort

　挿入ソートは、挿入操作 (insertion) を前方から順番に行うことでデータを整列します。

1 次元配列

	整数の列数	A

14
-
3

挿入ソート

149

insertion を実行します。

入力		
	整数の列を入力します。	
整列		
	insertion を実行します。	`insertion(0, j)`
	整列済みの範囲を拡張していきます。	区間 `[0, i)`
出力		
	整列された整数の列を出力します。	

入力

1-1

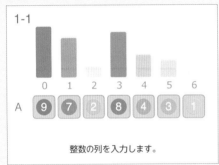

整数の列を入力します。

アルゴリズム・アニメーション

整列

2-1

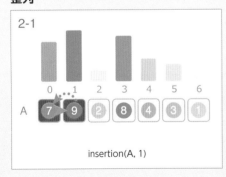

insertion(A, 1)

2-2

insertion(A, 2)

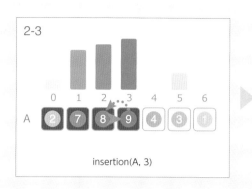

insertion(A, 3)

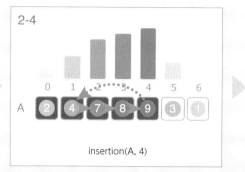

insertion(A, 4)

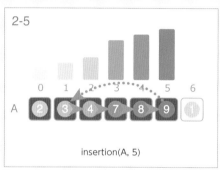

insertion(A, 5)

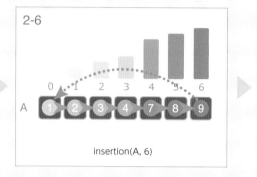

insertion(A, 6)

出力

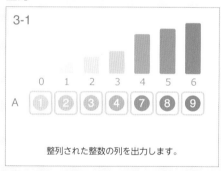

整列された整数の列を出力します。

　要素数1の部分配列はソート済みなので、配列の2番目の位置（添え字が1）から順番に挿入する要素を決め、insertion を行います。i 回目の insertion が終了すると先頭から i+1 個の要素がソート済みになり、ソート済みの部分は前方から1つずつ増えていきます。

```
insertionSort(A, N):
    for i ← 1 to N-1:
        insertion(A, i)
```

　挿入ソートは、入力データの要素の並びの特徴で、計算効率が変わるアルゴリズムです。要素がすでに昇順に整列されている場合（またはこれに近い場合も）は、1 回の insertion 操作を O(1) で達成できるため、挿入ソートのオーダーは O(N) になります。逆に、要素が降順に整列されている場合（またはこれに近い場合も）は、i 回目の insertion 操作に、i 個の要素を走査するので、挿入ソートのオーダーは $O(N^2)$ になります。平均の場合は、i 回目の insertion の要素の比較・移動が i/2 回起こると考え、オーダーは同じく $O(N^2)$ になります。

> **特徴**
>
> 　挿入ソートは、すでに昇順に、あるいはおおよそ昇順に整列されているデータに対して高速に動作するため、そのような特徴のデータを扱うアプリケーションや、高等的なソートアルゴリズムの一部として使われています。例えば、挿入ソートは高等的な整列アルゴリズムであるシェルソートに応用されます。

15章

整数に関する
アルゴリズム
(Integer Algorithms)

　整数の性質について研究する数学の分野を整数論と言います。整数論は、データの暗号化だけでなく、アルゴリズムやデータ構造の効率化において、重要な役割を果たします。そこで、整数に関する様々なアルゴリズムが考案されてきました。

　この章では、整数に関する初等的なアルゴリズムを獲得します。

・エラトステネスの篩
・ユークリッドの互除法

15-1 エラトステネスの篩 ★★

素数表 Prime Number Table

素数とは、1とその数自身以外に約数が存在しない正の整数です。素数の性質は暗号や高速なアルゴリズムの実装などで応用されるため、素数かどうかの判定や素数生成には、効率の良いアルゴリズムが求められます。

整数 i が素数のとき i 番目の要素が 1、合成数のとき 0 となるような素数表を作成してください。

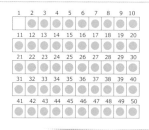
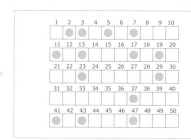

1つの整数 N
2 ≤ N ≤ 1,000,000

N までの素数表

 エラトステネスの篩 Sieve of Eratosthenes

エラトステネスの篩は、サイズ N の配列を素数表として扱い、2 から (N-1) までの素数を列挙するアルゴリズムです。

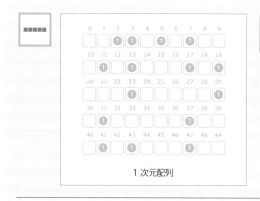

1 次元配列

| | P[i] が 1 のとき i が素数である素数表 | P |

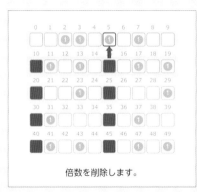

倍数を削除します。

初期化		
	2 以上の数を素数の候補として初期化します。	
2 の倍数を削除		
■	2 の倍数を合成数とします。	P[j] ← 0
奇数の素数の倍数を削除		
↓	素数として残します。	i
■	残した素数の倍数を合成数とします。	P[j] ← 0
	素数表を確定します。	区間 [0, i*i]
素数リストを出力		
□	素数を列挙します。	

初期化

1-1

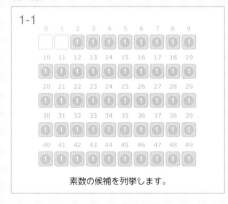

素数の候補を列挙します。

アルゴリズム・アニメーション

2 の倍数を削除

2-1

2 の倍数を候補から外します。

奇数の倍数を削除

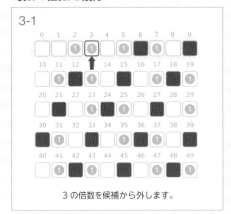

3 の倍数を候補から外します。

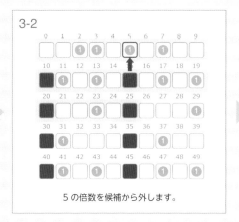

5 の倍数を候補から外します。

7 の倍数を候補から外します。

素数リストを出力

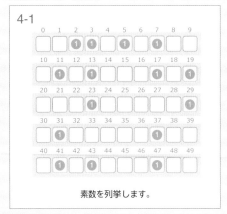

素数を列挙します。

エラトステネスの篩のアルゴリズムは主に 3 つのフェーズから成ります。最初のフェーズで、2 以上の整数を素数の候補とします。次のフェーズで、2 を残して 2 より大きい 2 の倍数 (4, 6, 8, ...) を篩って候補から外します。最後のフェーズで、奇数 i について、i を残して i の倍数を篩って候補から外していきます。

　奇数 i を素数としてその倍数を合成数とした後は、2 から i^2 までの素数表が確定します。例えば、5 を残してその倍数を全て篩った後は、25 までの素数表が確定します（仮にこの時点で 6 から 25 までの中に合成数が存在するのであれば、そのペアとなる数が 5 以下の数に存在するはずです）。同様の原理で、奇数 i の倍数を篩う処理は、i が N の平方根まで調べれば十分です。

```
for i ← 2 to N-1:
    P[i] ← 1

for j ← 4, 6, 8, ... N-1:
    P[j] ← 0

for i ← 3, 5, 7, ... sqrt(N):  #N の平方根まで
    if P[i] = 0:
        continue
    for j ← i*2, i*3, ..., N-1:
        P[j] ← 0
```

エラトステネスの篩の計算量は $O(N \log^2 N)$ であることが知られています。

特徴　素数は暗号化など、様々なアプリケーションで応用されるため、素数表の作成や素数判定を高速に行うエラトステネスの篩と関連アルゴリズムは、セキュリティの分野などで使用されます。また、セキュリティ分野に限らず、乱数を生成するアルゴリズムやデータ構造の実装でも素数が使われます。

15-2 ユークリッドの互除法 ★★

最大公約数 Greatest Common Divisor

最大公約数は、いくつかの整数の共通の約数の中で最大のものを言います。最大公約数は、対象となる整数の共通の約数を並べていけば求めることができますが、大きな数に対しては効率が悪くなります。

2つの整数の最大公約数を求めてください。

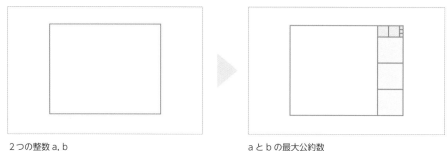

2つの整数 a, b
$1 \leq a \leq 10^9$
$1 \leq b \leq 10^9$

aとbの最大公約数

ユークリッドの互除法 Euclidean Algorithm

ユークリッドの互除法は、a と b (a > b) の最大公約数が b と「a を b で割った余り」の最大公約数と等しい、という性質を使い、高速に最大公約数を求めるアルゴリズムです。2つの整数 a と b、それらの余り r をそれぞれ保持する、3つの変数を使います。

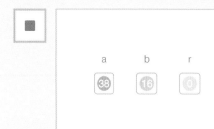

a   b   r
38   16   0

3つのシングルノード

	1つ目の整数	a
	2つ目の整数	b
	a を b で割った余り	r

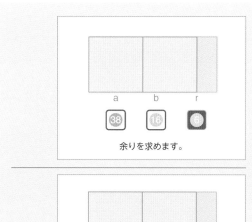

余りを求めます。

入力		
	2つの整数を入力します。	
ユークリッドの互除法		
	aをbで割った値を代入します。	r ← a % b
	値をコピーします。	a ← b b ← r
出力		
	最大公約数を出力します。	

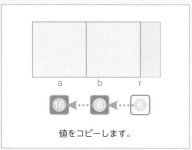

値をコピーします。

入力

1-1

38 × 16 の長方形を正方形で敷き詰めます。

アルゴリズム・アニメーション

ユークリッドの互除法

2-1

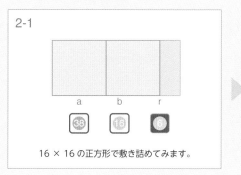

16 × 16 の正方形で敷き詰めてみます。

2-2

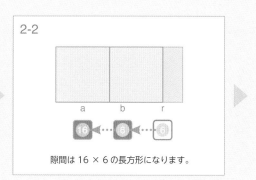

隙間は 16 × 6 の長方形になります。

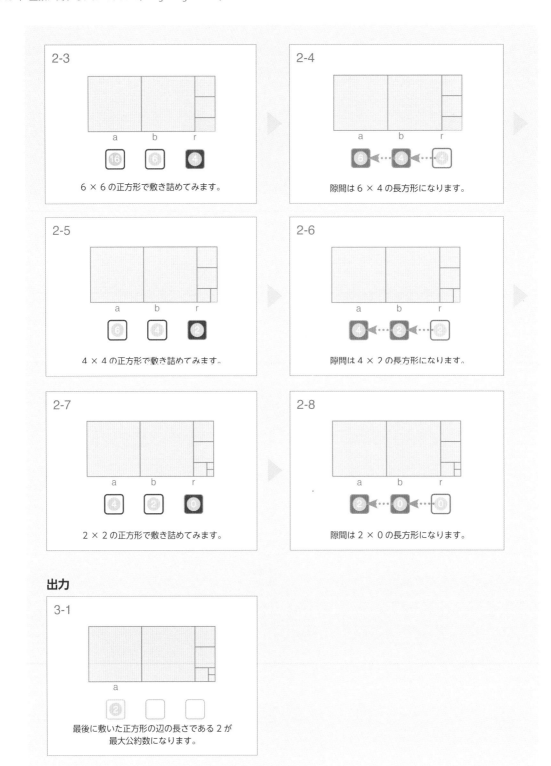

2-3

a　b　r

⑯　⑥　④

6 × 6 の正方形で敷き詰めてみます。

2-4

a　b　r

⑥ ← ④ ← ④

隙間は 6 × 4 の長方形になります。

2-5

a　b　r

⑧　④　②

4 × 4 の正方形で敷き詰めてみます。

2-6

a　b　r

④ ← ② ← ②

隙間は 4 × 2 の長方形になります。

2-7

a　b　r

④　②　⓪

2 × 2 の正方形で敷き詰めてみます。

2-8

a　b　r

② ← ⓪ ← ⓪

隙間は 2 × 0 の長方形になります。

出力

3-1

a

②

最後に敷いた正方形の辺の長さである 2 が
最大公約数になります。

a と b の最大公約数を求めるということは、a × b の長方形を隙間なく・重なりがなく敷き詰めることができる正方形の中で、1 辺の長さが最大のものを見つけることです。a × b (a > b) の長方形を b × b の正方形で敷き詰められない場合は、b × (a%b) (ここで a%b は a を b で割った余り) の長方形が残ります。ここで、この b × (a%b) を敷き詰められる正方形は、もとの a × b の長方形も敷き詰めることができます。よって、正方形で敷きめられるまで、同様の方法で長方形をどんどん小さくしていきます。

```
gcd(a, b):

    while 0 < b:
        r ← a % b
        a ← b
        b ← r

    return a
```

　ユークリッドの互除法では余り r を求める処理を繰り返しますが、この r がどのように減っていくかを分析して計算量を見積もることができます。r は多くとも 2 回のステップで半分になります。つまり高々 $2 \log_2(b)$ 回の計算が行われます。よってこのアルゴリズムのオーダーは $O(\log b)$ となります。

　最大公約数は GCD (Greatest Common Divisor) と呼ばれ、2 つの整数の最大公約数を求める関数 gcd(a, b) として定義されます。

特徴　最大公約数は、整数論の中でも基礎的な問題ですが多くのアプリケーションや計算で重要な役割を果たします。最も一般的な応用は、分数の約分です (例えば、39/52 はこれらの gcd(39, 52) = 13 で両方を割ると 3/4 となり、より計算し易くなります)。また、最小公倍数 LCM (Least Common Multiple) は GCD を使って、次のように簡単に求めることができます。lcm(a, b) = (a × b)/gcd(a, b)。

16章

基本データ構造1
(Elementary Data Structure 1)

　データの集合を管理し、定められたルールに従ってデータに対するアクセスと操作を行う仕組みをデータ構造と言います。データ構造は、アプリケーションにおける処理の順番を制御するだけでなく、効率的なアルゴリズムを実装するために応用されます。

　この章では、1次元の配列構造を用いた最も基本的なデータ構造を獲得します。

- ・スタック
- ・キュー

16-1 スタック ★ ★

後入先出 (LIFO) Last-In-First-Out

　処理途中のデータや状態を、一時的に退避しておき、最後に退避したデータ・状態を優先的に続行する処理は、多くのアルゴリズムやシステムの制御に現れます。

　最後に挿入したデータを優先的に取り出す Last-In-First-Out (LIFO) のルールに従ったデータ構造を実装してください。

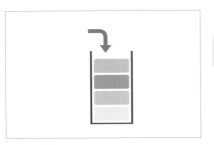

追加するデータ

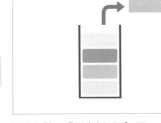

LIFO に従って取り出されるデータ

 ## スタック Stack

　配列を用いてスタックを実装します。スタックはデータの集合に対して主に push と pop の操作を行うデータ構造です。push はデータの集合に要素を追加し、pop は最後に追加された要素を取得・削除します。

1 次元配列

	スタックの要素	S

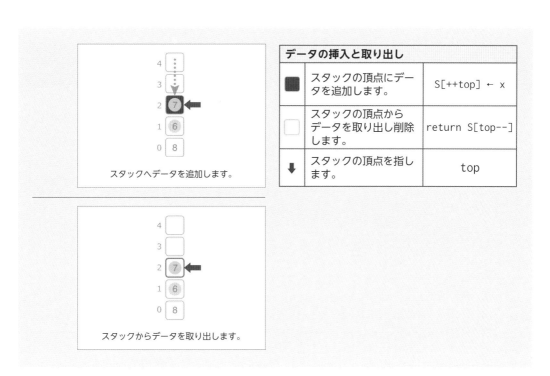

データの挿入と取り出し		
■	スタックの頂点にデータを追加します。	`S[++top] ← x`
□	スタックの頂点からデータを取り出し削除します。	`return S[top--]`
↓	スタックの頂点を指します。	`top`

スタックへデータを追加します。

スタックからデータを取り出します。

データの挿入と取り出し

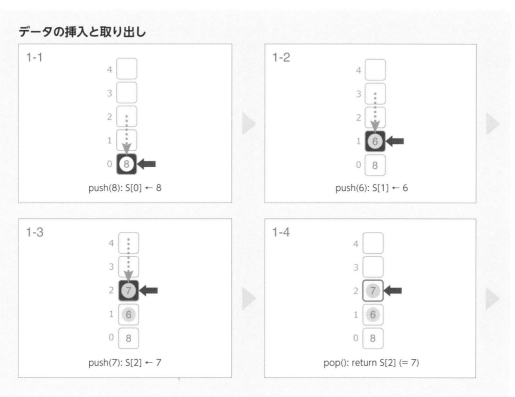

1-1 push(8): S[0] ← 8

1-2 push(6): S[1] ← 6

1-3 push(7): S[2] ← 7

1-4 pop(): return S[2] (= 7)

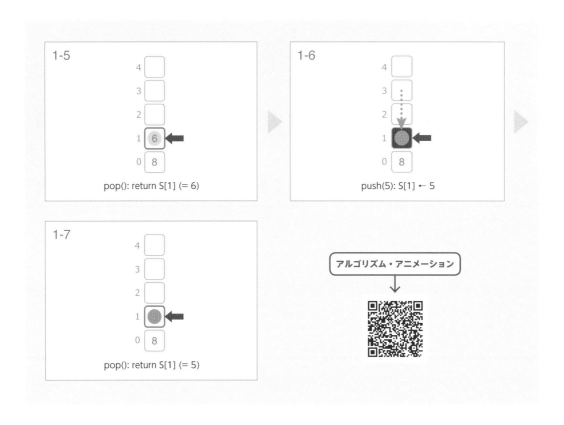

スタックは 1 次元配列とスタックの頂点を指す矢印 top で実現します。top は配列変数の添え字（ノード番号）を保持します。push 操作では、top を 1 つ増やしてからその場所に与えられたデータを挿入します。pop 操作では、top が指す要素を返しますが、操作の後に top を 1 つ減らします。

```
class Stack:
    S  #  要素を管理する配列
    top

    init():
        top ← -1              #  スタックを初期化する

    push(x):
        S[++top] ← x          #  top を1増やしてから x を代入

    pop():
        return S[top--]       #  S[top] を返した後に top を1減らす

    peak():
        return S[top]

    empty():
        return top = -1       #  top が -1 のときスタックが空となっている

    size():
        return top + 1


#  スタックのシミュレーション

Stack st
st.push(8)
st.push(6)
st.push(7)
st.pop()
st.push(5)
st.pop()
```

　push 操作、pop 操作の計算量は要素の数に依存しないため、オーダーはそれぞれ O(1) になります。実装においては、スタックが空の状態（top が -1 の状態）での pop 操作や、スタックが満杯の状態での push 操作を避けるためのチェックが必要になります。

　一般的に、スタックのようなデータ構造は、クラスや構造体として定義しておきます。クラスとして定義しておけば、プログラムの中でスタックのオブジェクトを生成して、より直観的にデータを扱うことができます（複数生成することも容易です）。

特徴　スタックの動作は、机の上に積みあがった書類やバイキングのプレートなど、日常生活の中にも多くみられます。コンピュータシステムにおいては、割り込みなどで計算途中の処理を一時的に退避したい場面で広く応用されるデータ構造です。再帰関数の仕組みも、スタックで実装されています。アルゴリズムでは、深さ優先探索（23 章）や点の凸包（27 章）を実現するためのデータ構造として応用されます。

16-2 キュー ★

先入先出（FIFO） First-In-First-Out

　お店のレジの待ち行列のように、より早く到着したデータを優先的に扱う処理は多くのアプリケーションやアルゴリズムに現れます。

　　最初に挿入したデータを優先的に取り出す First-In-First-Out (FIFO) のルールに従ったデータ構造を実装してください。

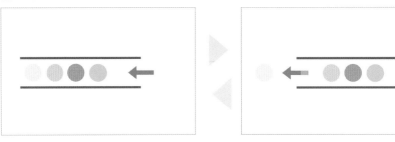

追加するデータ　　　　　　　　　　　　　FIFO に従って取り出されるデータ

キュー Queue

配列を用いてキューを実装します。キューはデータの集合に対して、主に enqueue と dequeue の操作を行うデータ構造です。キューは一列のデータの集合を表し、enqueue は列の末尾に要素を追加し、dequeue は列の先頭から要素を取得・削除します。

1 次元配列

16
-
2

キ
ュ
ー

	キューの要素	Q

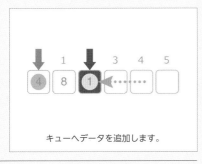

キューへデータを追加します。

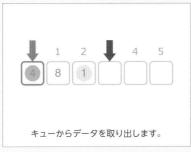

キューからデータを取り出します。

データの挿入と削除

■	キューの末尾にデータを追加します。	Q[tail++] ← x
□	キューの先頭からデータを取り出します。	return Q[head++]
↓	キューの先頭を指します。	head
↓	キューの末尾を指します。	tail

データの挿入と削除

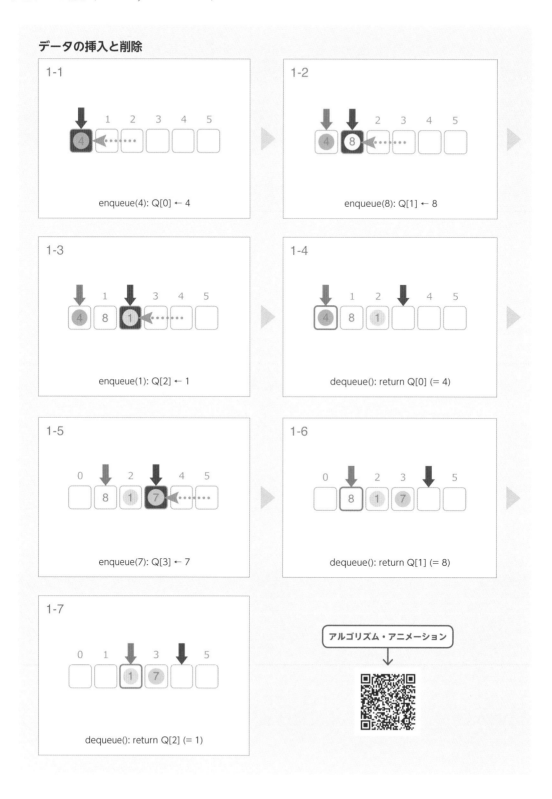

1-1 enqueue(4): Q[0] ← 4

1-2 enqueue(8): Q[1] ← 8

1-3 enqueue(1): Q[2] ← 1

1-4 dequeue(): return Q[0] (= 4)

1-5 enqueue(7): Q[3] ← 7

1-6 dequeue(): return Q[1] (= 8)

1-7 dequeue(): return Q[2] (= 1)

アルゴリズム・アニメーション

キューは 1 次元配列とキューの先頭と末尾をそれぞれ指す矢印 head, tail で実現します。enqueue 操作では、tail の位置に与えられたデータを挿入してから、tail を 1 つ増やします。dequeue 操作では、head が指す要素を返しますが、操作の後に head を 1 つ増やします。この実装では、head と tail が等しいとき、キューが空になります。また、操作の過程で tail と head がそれぞれ配列のサイズを超えた場合は、それらを先頭に戻すことで、空間構造（メモリ）を無駄なく利用することができます（疑似コードでは、この処理を行っていません）。

```
# クラスによるキューの実装
class Queue
    Q  # キューの要素を保持する配列
    head ← 0
    tail ← 0

    init():
        head ← 0
        tail ← 0

    enqueue(x):
        Q[tail++] ← x          # x を代入した後に tail を 1 増やす

    dequeue():
        return Q[head++]       # Q[head] の値を返した後に head を 1 増やす

    empty():
        return head = tail   # head と tail が等しいとき真を返す

# キューのシミュレーション
Queue que
que.enqueue(4)
que.enqueue(8)
que.enqueue(1)
que.dequeue()
que.enqueue(7)
que.dequeue()
```

　eunqueue 操作、dequeue 操作の計算量は要素の数に依存しないため、オーダーはそれぞれ O(1) です。スタックと同様に、空のキュー（head と tail が一致するとき）に対する dequeue 操作と、満杯のキュー（tail+1 = head を満たすとき）に対する enqueue 操作は避ける必要があります。

キューの動作は、レストランの行列など、日常生活の中にも多くみられます。システムやアルゴリズムの中でも、到着した順番にタスクを処理したい場面など、広く応用されるデータ構造です。例えば、幅優先探索（22 章）を実装するためのデータ構造としてキューが使われます。

17章

配列に対する計算
(Computation on Array)

　ここまでは、配列に対するクエリへの回答や並び替えに関するアルゴリズムを獲得してきました。ここでは、配列の要素の値の変更を考えます。値を更新して目的の出力を得ることはもちろんですが、効率の良いアルゴリズムの実装には、データを扱いやすくするための前処理や変換を行う過程も重要になります。

　この章では、前処理の中でもシンプルで強力なアイデアである累積和のアルゴリズムを獲得します。

- 累積和
- 1次元累積和
- 2次元累積和

17-1 累積和 ★★

区間の和 Range Sum

　整列済みの列に二分探索を行うように、目的の値をより効率よく計算するために、与えられたデータに前処理を加える考え方はとても重要です。整数列に対する区間の和は、前処理を行うだけで、高速に求めることができるようになります。

整数の列と、それに対する Q 個の区間が与えられます。各区間の和を求めてください。

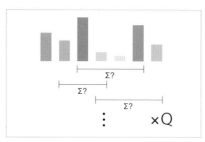 

整数の列と Q 個の区間
列の要素数 N ≤ 100,000
Q ≤ 100,000

指定された各区間の和

 累積和 Accumulation

　Q 個の質問に答える前に、整数の列に対する累積和を求めておきます。ここでは、入力用の配列以外に、累積和を計算するためのもう一つの配列を使います。

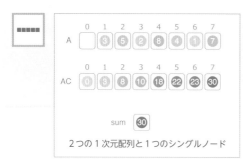

2 つの 1 次元配列と 1 つのシングルノード

	入力の整数の列	A
	整数の列の累積和	AC
	区間の和	sum

前の要素を加算していき、累積和を求めます。

指定された区間に対する和を計算します。

入力		
	整数の列を読み込みます。	
	累積和の先頭を0に初期化します。	AC[0] ← 0
累積和の生成		
	1つ前の要素を加算していきます。	AC[i] ← AC[i-1] + A[i]
質問に対する処理		
	区間の始点と終点から、和を計算します。	sum ← AC[r] - AC[l1]
	指定された区間。	[l, r]
⬇	区間の始点。	l
⬇	区間の終点。	r

入力

整数の列を入力します。AC[0] ← 0

アルゴリズム・アニメーション

累積和の生成

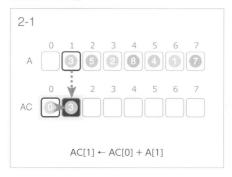

AC[1] ← AC[0] + A[1]

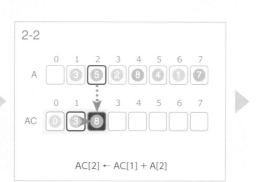

AC[2] ← AC[1] + A[2]

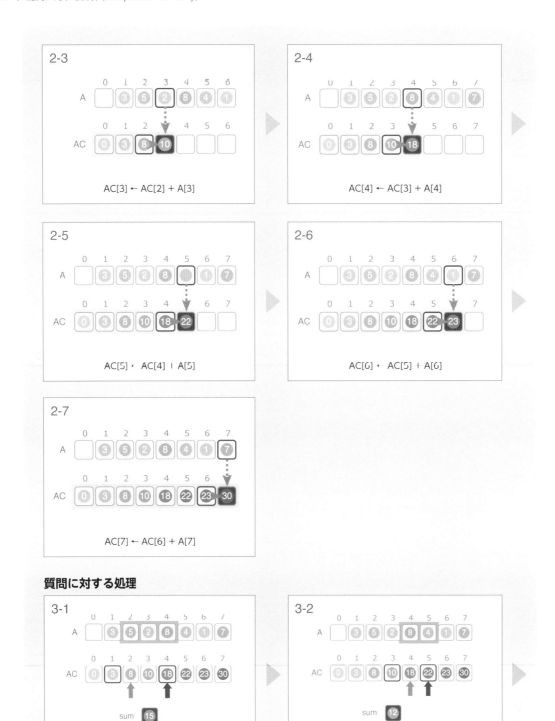

2-3

AC[3] ← AC[2] + A[3]

2-4

AC[4] ← AC[3] + A[4]

2-5

AC[5] ← AC[4] + A[5]

2-6

AC[6] ← AC[5] + A[6]

2-7

AC[7] ← AC[6] + A[7]

質問に対する処理

3-1

sum 15

区間 [2, 4] の和は AC[4] - AC[1] = 15

3-2

sum 12

区間 [4, 5] の和は AC[5] - AC[3] = 12

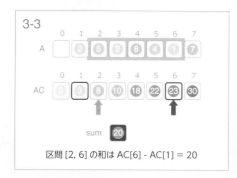

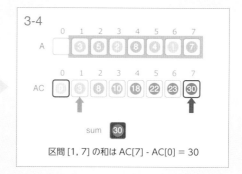

区間 [2, 6] の和は AC[6] - AC[1] = 20

区間 [1, 7] の和は AC[7] - AC[0] = 30

累積和は、入力データを保持する配列変数 A の要素を上書きして直接求めることができますが、ここでは、配列変数 AC に A の累積和を記録していきます。ここで、A の 0 番目のノードは使わず、データはインデックス 1 から入力します。AC の最初の要素を 0 で初期化しておきます。

累積和の計算はインデックス 1 から開始します。i 回目の計算で AC[i] に A[1] から A[i] までの和を記録していきます。これは i を 1 から開始し、AC[i] ← AC[i-1] + A[i] で求めることができます。

累積和を求めておけば、区間 [l, r] に対する質問、つまり A[l] から A[r] の和は、AC[r] - AC[l-1] で求めることができます。これは、A[1] から A[r] までの和 X から A[1] から A[l-1] までの和 Y を引いた値になります。

```
A ← 整数の列 # 1 から開始
AC[0] ← 0


for i ← 1 to N-1:
    AC[i] ← AC[i-1] + A[i]

Q ← [l, r] 形式の質問の列

for q in Q:
    l ← q.l
    r ← q.r
    sum ← AC[r] - AC[l-1]
```

　累積和を用いずに、各質問に対して毎回区間の和を計算する素朴なアルゴリズムのオーダーは O(NQ) となってしまいます。

　累積和を用いた場合、各区間の和は一回の引き算で求まるため、オーダーは O(1) となります。よって累積和を計算し、それを利用して Q 個の質問に答えるアルゴリズムのオーダーは Q(N + Q) となります。

> **特徴**　累積和のアイデアは、高等的整列アルゴリズムの 1 つである計数ソートに使われます。また、次の章につづく 1 次元と 2 次元（多次元）の重なり問題に応用することができきます。

17-2　1次元累積和

★★★
★★
★

線分の重なり　Overlapped Segments

　1 次元の整数座標の区間に関する問題は、累積和のアイデアで効率良く解ける場合があります。

複数の線分が与えられるので、各座標について重なっている線分の数を求めてください。

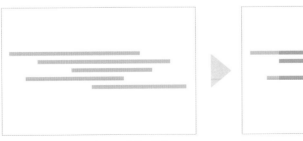

始点と終点の座標の組で表された複数の線分
1 ≤ x 座標 ≤ 100,000
線分の数 Q ≤ 100,000

各座標の線分の本数

1次元累積和 1 Dimensional Accumulation

　線分の端点の座標を1次元配列構造のノードで表し、対応する配列の要素にその座標上にある線分の数を記録していきます。1次元配列構造のサイズ N は、x 座標の最大値 +1 以上である必要があります。ここでは、線分の終点は数えないものとします。

	重なりの数	A

1次元配列

線分を追加		
	線分の始点に対応する要素に1を加えます。	A[b]++
	線分の終点に対応する要素から1を引きます。	A[e]--
累積和をとる		
	前方の要素を加算していきます。	A[i] ← A[i] + A[i-1]

線分を追加します。

累積和による重なり数を求めます。

アルゴリズム・アニメーション →

17
-
2

1次元累積和

線分を追加

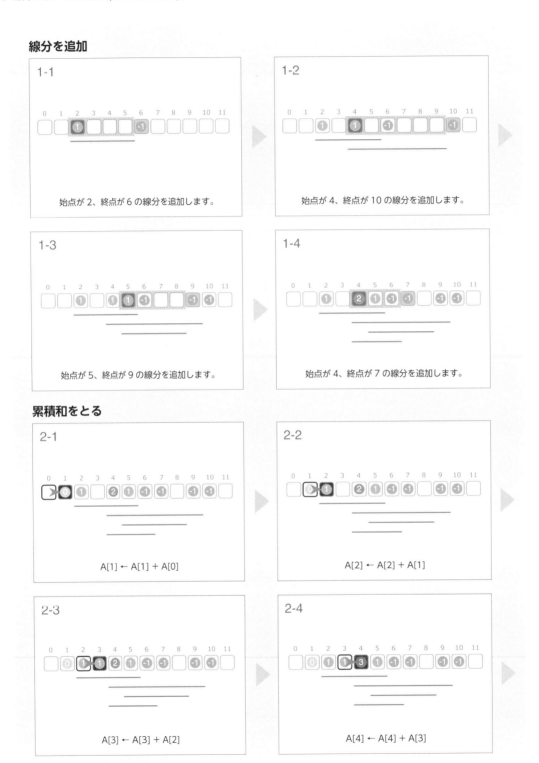

1-1

始点が 2、終点が 6 の線分を追加します。

1-2

始点が 4、終点が 10 の線分を追加します。

1-3

始点が 5、終点が 9 の線分を追加します。

1-4

始点が 4、終点が 7 の線分を追加します。

累積和をとる

2-1

$A[1] \leftarrow A[1] + A[0]$

2-2

$A[2] \leftarrow A[2] + A[1]$

2-3

$A[3] \leftarrow A[3] + A[2]$

2-4

$A[4] \leftarrow A[4] + A[3]$

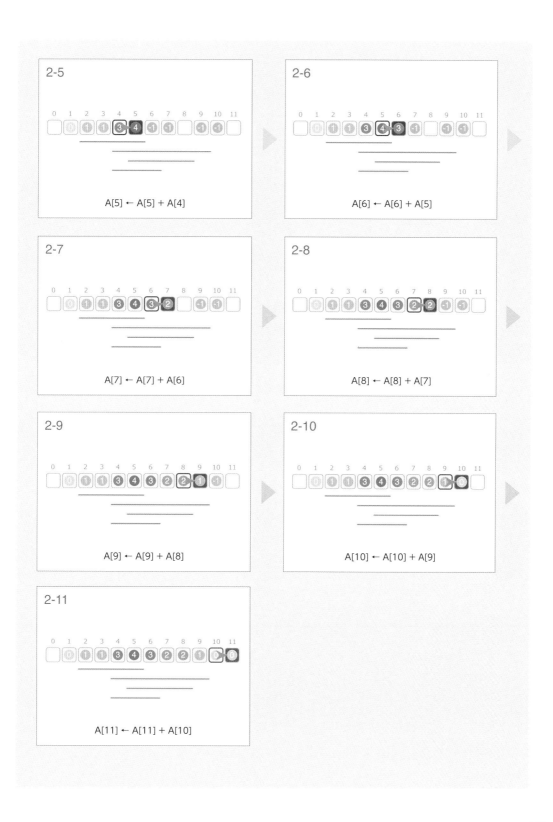

　与えられた線分の端点の座標をそれぞれ b, e とすると、A[b] に 1 を加え、A[e] から 1 を引きます。これは、線分の重なりの本数を配列の前方から調べていったときに、座標 b から線分が 1 つ加わり、座標 e からその線分がなくなることを意味します。

　線分の追加処理が終わった後は、各座標から線分が何本増えるか（負の値の場合は何本減るか）が記録されているので、A の前方から累積和をとることにより、各座標にある線分の本数を求めることができます。

```
Q ← 線分の列

for segment in Q:
    b ← segment.begin.x
    e ← segment.end.x
    A[b]++
    A[e]--

for i ← 1 to N-1:
    A[i] ← A[i] + A[i-1]
```

　この問題を素朴なアルゴリズムで解決する場合、与えられた線分の端点の座標がそれぞれ b, e とすると、配列の b 番目から e-1 番目までの値（本数）を 1 増やすことで、各座標における線分の数を数えます。この素朴なアルゴリズムのオーダーは O(NQ) となります。

　累積和を用いたアルゴリズムでは、Q 本の線分を追加する操作に O(Q)、累積和を求める処理に O(N) かかるので、オーダーは O(N + Q) になります。

> **特徴**　線分のような幾何学的な問題だけでなく、例えば時間軸に対する区間の重なりと考えることで、アプリケーションの幅は広がります。例えば、各客の入店と退店の時間から、各時刻における店内の客の人数を求める問題などが考えられます。

2次元累積和

長方形の重なり Overlapped Rectangles

区間の情報を1次元の累積和で高速に求めるアイデアは、同様に2次元の問題に応用することができます。

複数の長方形が与えられるので、各座標において（1枚以上）重なっている長方形の個数を求めてください。

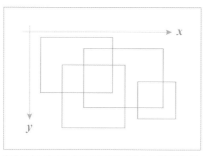

左上の点と右下の点の座標の組で表された複数の長方形
$1 \leq x, y$ 座標 $\leq 1,000$
長方形の数 $Q \leq 100,000$

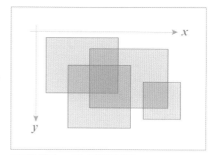

長方形が重なっている箇所の個数

 2次元累積和 2 Dimensional Accumulation

長方形の左上の頂点と右下の頂点の座標を2次元配列構造のノードで表し、対応する配列の要素にその座標上にある長方形の数を記録していきます。2次元配列構造のサイズ N × M はそれぞれ、x座標、y座標の最大値 +1 以上である必要があります。

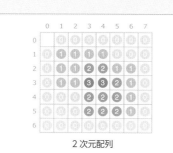

2次元配列

| | 長方形が重なっている枚数 | A |

183

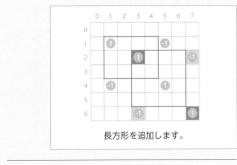

長方形を追加します。

水平方向と垂直方向に累積和をとります。

長方形の追加		
■	左上と右下の点に対応する要素に1を加えます。	A[x1][y1]++ A[x2][y2]++
□	左下と右上の点に対応する要素から1を引きます。	A[x1][y2]-- A[x2][y1]--
水平方向のスキャン		
■	手前の要素を加算していきます。	A[x][y] ← A[x][y] + A[x-1][y]
垂直方向のスキャン		
■	手前の要素を加算していきます。	A[x][y] ← A[x][y] + A[x][y-1]

長方形の入力

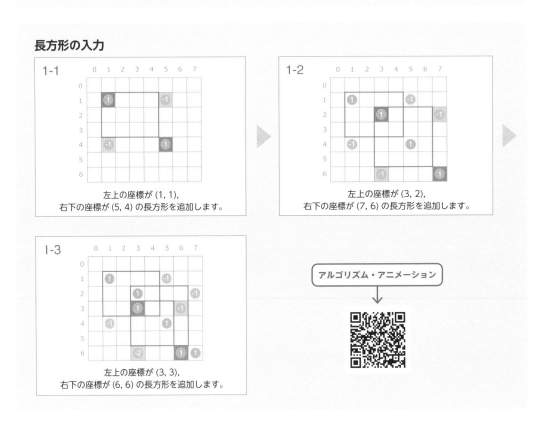

1-1

左上の座標が (1, 1)、
右下の座標が (5, 4) の長方形を追加します。

1-2

左上の座標が (3, 2)、
右下の座標が (7, 6) の長方形を追加します。

1-3

左上の座標が (3, 3)、
右下の座標が (6, 6) の長方形を追加します。

アルゴリズム・アニメーション

水平方向のスキャン

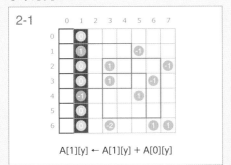

A[1][y] ← A[1][y] + A[0][y]

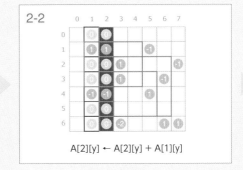

A[2][y] ← A[2][y] + A[1][y]

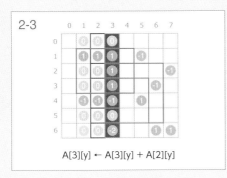

A[3][y] ← A[3][y] + A[2][y]

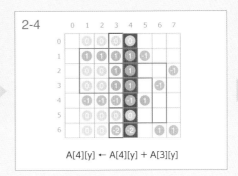

A[4][y] ← A[4][y] + A[3][y]

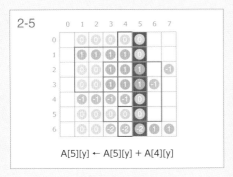

A[5][y] ← A[5][y] + A[4][y]

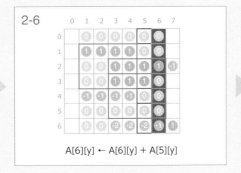

A[6][y] ← A[6][y] + A[5][y]

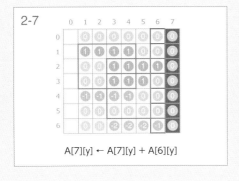

A[7][y] ← A[7][y] + A[6][y]

垂直方向のスキャン

3-1
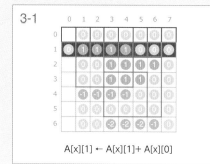
A[x][1] ← A[x][1]+ A[x][0]

3-2
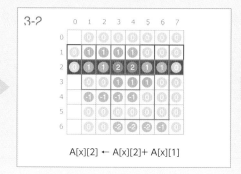
A[x][2] ← A[x][2]+ A[x][1]

3-3
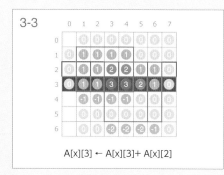
A[x][3] ← A[x][3]+ A[x][2]

3-4
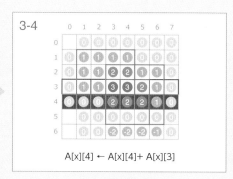
A[x][4] ← A[x][4]+ A[x][3]

3-5
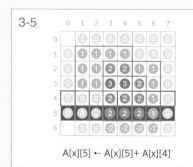
A[x][5] ← A[x][5]+ A[x][4]

3-6
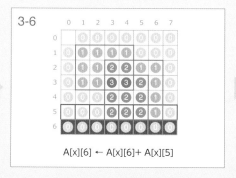
A[x][6] ← A[x][6]+ A[x][5]

3-7
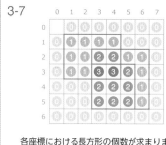
各座標における長方形の個数が求まりました。

1 次元の累積和を 2 次元の累積和に拡張します。与えられた長方形の左上の点と右下の点の座標をそれぞれ (x1, y1), (x2, y2) とすると、 A[x1][y1] と A[x2][y2] には 1 を加え、A[x1][y2] と A[x2][y1] から 1 を引きます。(x1, y1) の座標のみが長方形に含まれていることに注意してください。

　累積和のアルゴリズムは、まず水平方向（x が大きくなる方向に）スキャンし、それぞれのノードの値に y が等しい 1 つ前のノードの値を加算していきます。同様に垂直方向（y が大きくなる方向に）スキャンします。これらの処理により、各ノードについて対応する座標における長方形の個数が求まります。

```
rects ← 長方形の列

# 長方形を重ねる
for rect in rects:
    x1 = rect.左上の頂点.x
    y1 = rect.左上の頂点.y
    x2 = rect.右下の頂点.x
    y2 = rect.右下の頂点.y
    A[x1][y1]++
    A[x2][y2]++
    A[x1][y2]--
    A[x2][y1]--

# 水平方向の累積和
for x ← 1 to N-1:
    for y ← 0 to M-1:
        A[x][y] ← A[x][y] + A[x-1][y]

# 垂直方向の累積和
for y ← 1 to M-1:
    for x ← 0 to N-1:
        A[x][y] ← A[x][y] + A[x][y-1]
```

　この問題を素朴なアルゴリズムで解決する場合、与えられた長方形の大きさに対応する配列の領域に 1 を加算していくので（塗り潰していく）、オーダーは O(NM) となります。この処理を長方形の数だけ行うので、素朴なアルゴリズムのオーダーは O(QNM) となります。

　累積和を用いたアルゴリズムでは、Q 個の長方形を追加する操作に O(Q)、累積和を求める処理に O(NM) かかるので、オーダーは O(Q+NM) となります。

特徴　この累積和のアイデアは、大変興味深いことに、2 次元よりもさらに高次元の空間に対しても適用できることが知られており、ピクセルを扱う画像処理や信号処理の分野で応用されています。

18章

ヒープ
(Heap)

　データの集合の中から優先度の高いデータを取り出す優先度付きキューは、多くのアプリケーションやアルゴリズムに応用されます。データの取得、挿入、削除を効率的に行うために、優先度付きキューはヒープと呼ばれるデータ構造で実装されます。ヒープは二分木で構成され、ノードに関連付けられる値はヒープ条件と呼ばれる大小関係を満たします。

　この章では、二分木の中でも実装が比較的簡単なおおよそ完全二分木に基づく、ヒープのアルゴリズムと優先度付きキューを獲得します。

・アップヒープ　　　　　・ビルドヒープ
・ダウンヒープ　　　　　・優先度付きキュー

| 18-1 | アップヒープ | ★
★ |

ヒープノードの値の増加 Increasing Value of Heap Node

　最大ヒープは、「各ノードについて、自分の値がその子の値以上」という条件を満たします。ヒープのノードの値が増加した場合は、その親をはじめ、祖先の値に応じてヒープを再構築する必要があります。

　最大ヒープに対して、一つのノードの値が、優先度が増加するように更新されました。最大ヒープを再構築してください。

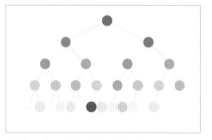
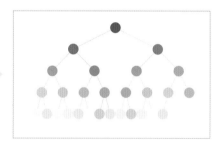

最大ヒープに対する要素の増加更新
ヒープの要素数 N ≤ 100,000

再構築された最大ヒープ

 アップヒープ Up Heap

　最大ヒープを1つの配列変数で表します。最大ヒープの要素が「増加によって」更新された場合は、最大ヒープ条件を満たすように「大きくなった」要素を根に向かって移動させます。この操作をアップヒープと呼びます。ここでは、要素の移動をスワップで行います。

おおよそ完全二分木

| | 最大ヒープの要素 | A |

親子の値を比較します。

入力・初期化		
	最大ヒープ条件を満たす整数の列を読み込みます。	
要素の更新とアップヒープ		
	要素をより大きい値に更新します。	A[i] ← value
◀	ヒープ条件を満たすかどうかをチェックします。	if A[i] ≤ A[parent(i)]:
■	親子の値をスワップします。	swap(A[i], A[parent(i)])
	更新された要素が根に向かって移動していきます。	i の軌跡

親子の値をスワップします。

入力・初期化

1-1

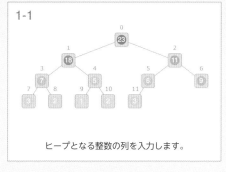

ヒープとなる整数の列を入力します。

アルゴリズム・アニメーション

要素の更新とアップヒープ

2-1

1つの要素をより大きい値に更新します。

2-2

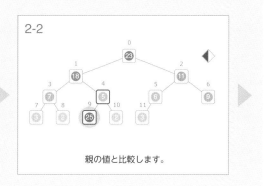

親の値と比較します。

191

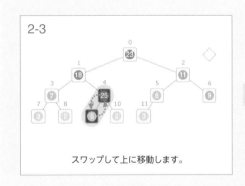

2-3 スワップして上に移動します。

2-4 親の値と比較します。

2-5 スワップして上に移動します。

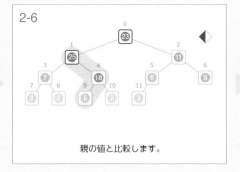

2-6 親の値と比較します。

2-7 スワップして上に移動します。

　最大ヒープのノードの値が増加したときは、そのノードを現在地として開始し、親の値と大きさを比較し、親の値の方が小さかったらスワップする処理を繰り返します。要素をスワップした後はその時の親を現在地に変更します。この処理は、ヒープ条件を満たす親が現れたとき、あるいは現在地が根に達したときに終了します。

```
# 配列 A で構築されたヒープの要素 i をより大きい値に更新
increase(A, i, value):
    A[i] ← value

# 配列 A で構築されたヒープの要素 i からアップヒープ
upHeap(A, i):
    while True:
        if  i ≤ 0:                 # 根に到達したら終了
            break
        if  A[i] ≤ A[parent(i)]:  # ヒープ条件を満たしたら終了
            break
        swap(A[i], A[parent(i)])
        i ← parent(i)             # 根に向かって移動


# 要素の増加の使用例
A ← ヒープ条件を満たす整数の列
increase(A, 9, 25)
upHeap(A, 9)
```

18
-
1

アップヒープ

　ここでは、親ノードの要素と子ノードの要素を比較・スワップする swap 関数を応用した方法で実装しました。一方、増加した要素を一時変数に保持しておき、それよりも小さい祖先の値を降下させ、適切な位置に増加した要素を挿入する insertion を応用した実装を行うこともできます。swap による方法も insertion による方法も、各要素が動く範囲は、完全二分木の高さに抑えられるため、アップヒープのオーダーは O(log N) となります。

特徴　この処理は優先度付きキューを実装するための部品になります。

18-2 ダウンヒープ ★★

ヒープノードの値の減少 Decreasing Value of Heap Node

最大ヒープに対する更新は要素の増加と減少です。ヒープのノードの値が減少した場合は、その子、そして子孫の値に応じてヒープを再構築する必要があります。

最大ヒープに対して、一つの要素が、優先度が減少するように更新されました。最大ヒープを再構築してください。

最大ヒープに対する要素の減少更新
ヒープの要素数 N ≦ 100,000

再構築された最大ヒープ

 ダウンヒープ Down Heap

最大ヒープの要素が「減少によって」更新された場合は、最大ヒープ条件を満たすように「小さくなった」要素を葉に向かって移動させます。この操作をダウンヒープと呼びます。ここでは、要素の移動をスワップで行います。

おおよそ完全二分木

最大ヒープの要素	A

194

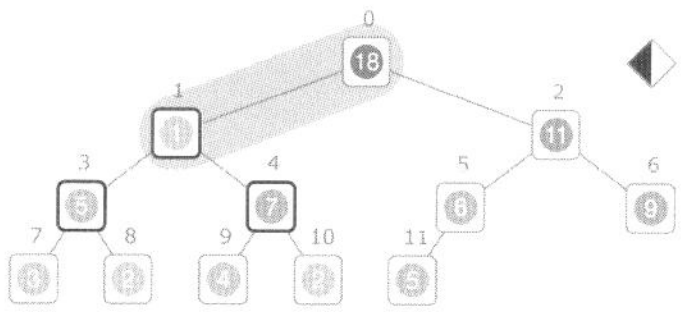

親子の大小関係を調べ、
最大値を持つノードを探します。

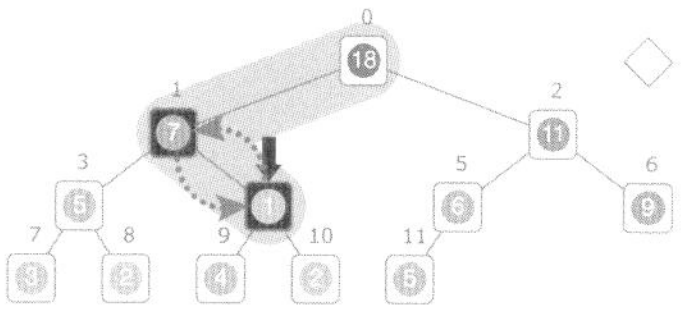

大きい方の子が親よりも大きい場合
スワップします。

入力・初期化		
	最大ヒープ条件を満たす整数の列を読み込みます。	
要素の更新とダウンヒープ		
	要素を更新します。	A[i] ← value
	親と左右の子の中で最大値を持つノードを探します。	largest ← ?
	値が最大のノードを指します。	largest
	親子の値をスワップします。	swap(A[i], A[largest])
	更新された要素が葉に向かって移動していきます。	i の軌跡

入力・初期化

1-1

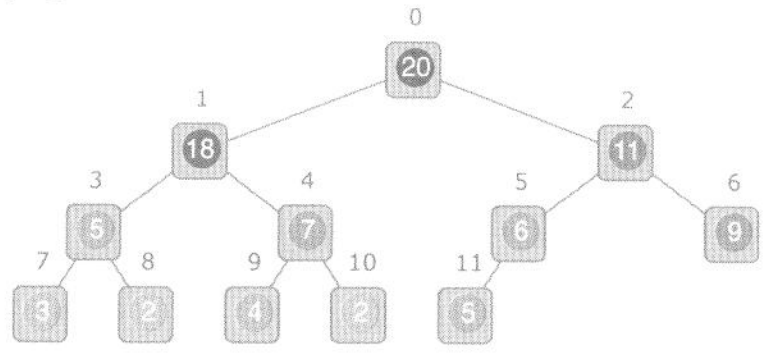

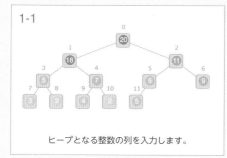

ヒープとなる整数の列を入力します。

アルゴリズム・アニメーション

要素の更新とダウンヒープ

2-1

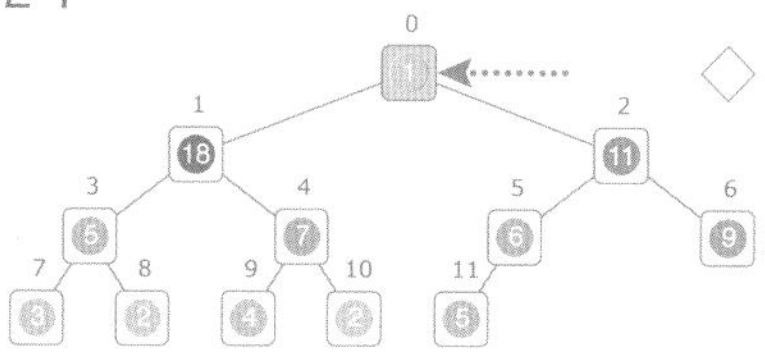

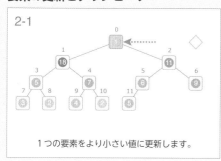

1つの要素をより小さい値に更新します。

2-2

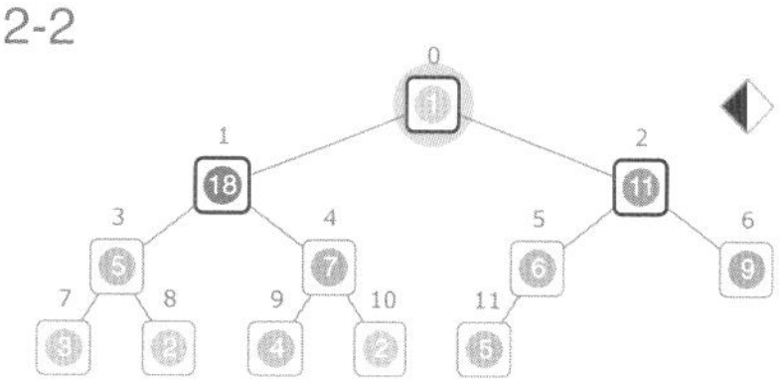

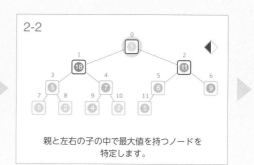

親と左右の子の中で最大値を持つノードを
特定します。

ready

ok

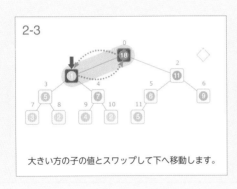

大きい方の子の値とスワップして下へ移動します。

親と左右の子の中で最大値を持つノードを特定します。

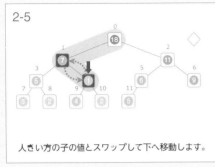

大きい方の子の値とスワップして下へ移動します。

親と左右の子の中で最大値を持つノードを特定します。

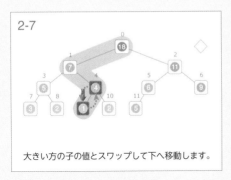

大きい方の子の値とスワップして下へ移動します。

　最大ヒープのノードの値が減少したときは、そのノードを現在地として開始し、子の値と大きさを比較し、逆順だったらスワップする処理を繰り返します。ヒープ条件を維持するため、子の値と比べるときは、左右で大きい方のノードを選ぶ必要があります。ここでは、親と左右の子のうち最大値を持つノードを特定し、どのようにスワップするか（しないか）を判断します。要素をスワップした後はその時選んだ子を現在地に変更します。この処理は、左右の子がともにヒープ条件を満たすとき（親が最大値を持つとき）、あるいは現在地が葉に達したときに終了します。

```
#  要素数 N の配列 A で構築されたヒープの要素 i をより小さい値に更新
decrease(A, i, value):
    A[i] ← value

# 要素数 N の配列 A で構築されたヒープの要素 i からダウンヒープ
downHeap(A, i):
    l ← left(i)
    r ← right(i)

    # 親（自分）、左の子、右の子の中で最大のノードを見つける
    if l < N and A[l] > A[i]:
        largest ← l
    else:
        largest ← i
    if r < N and A[r] > A[largest]:
        largest ← r

    if largest ≠ i:               # どちらかの子が最大の場合
        swap(A[i], A[largest])
        downHeap(A, largest)      # 再帰によってダウンヒープを繰り返す


#  要素を減少させる使用例
A ← ヒープ条件を満たす整数の列
decrease(A, 0, 1)
downHeap(A, 0)
```

18
-
2

ダウンヒープ

　ここでは、親ノードの要素と子ノードの要素を比較・スワップする swap 関数を応用した方法で実装しました。一方、減少した要素を一時変数に保持しておき、それより大きい子孫の値を上昇させ、適切な位置に減少した要素を挿入する insertion を応用した実装を行うこともできます。swap による方法も insertion による方法も、各要素が動く範囲は、完全二分木の高さに抑えられるため、ダウンヒープのオーダーは O(log N) となります。

特徴　この処理は優先度付きキューを実装するための部品になります。また、高等的な整列アルゴリズムのひとつであるヒープソートに実装されます。

197

18-3 ビルドヒープ ★★

ヒープの構築 Building Heap

与えられたデータの列や処理途中の列をヒープに変換することで、整列のアルゴリズムや優先度が重要なデータ構造のベースを作ることができます。

適当な整数の列から最大ヒープを構築してください。

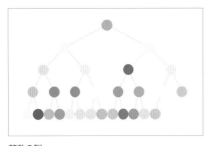
整数の列
要素の数 N ≤ 100,000

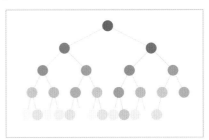
最大ヒープ

ビルドヒープ Building Heap

ビルドヒープは、ボトムアップの順（下から上の方向）に、ダウンヒープを実行することで、ランダムな整数の列から最大ヒープを構築します。このアルゴリズムは、葉以外の全てのノードについて、ノード番号の降順（根に向かう順）に起点を選ぶことで、ボトムアップにダウンヒープを行います。

おおよそ完全二分木

	最大ヒープの要素	A

ダウンヒープを行います。

入力・初期化		
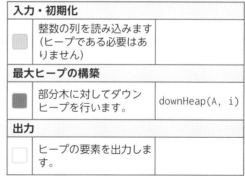	整数の列を読み込みます（ヒープである必要はありません）	
最大ヒープの構築		
	部分木に対してダウンヒープを行います。	downHeap(A, i)
出力		
	ヒープの要素を出力します。	

スワップ

1-1

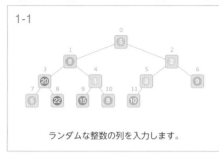

ランダムな整数の列を入力します。

アルゴリズム・アニメーション

最大ヒープの構築

2-1

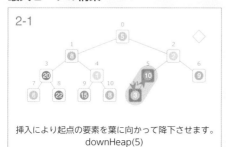

挿入により起点の要素を葉に向かって降下させます。
downHeap(5)

2-2

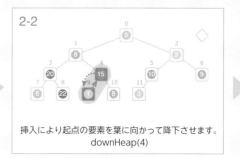

挿入により起点の要素を葉に向かって降下させます。
downHeap(4)

2-3

挿入により起点の要素を葉に向かって降下させます。
downHeap(3)

2-4

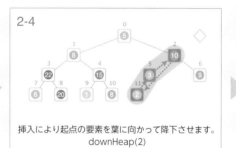

挿入により起点の要素を葉に向かって降下させます。
downHeap(2)

2-5

挿入により起点の要素を葉に向かって降下させます。
downHeap(1)

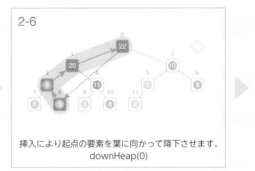

2-6

挿入により起点の要素を葉に向かって降下させます。
downHeap(0)

出力

3-1

ヒープとなった整数の列を出力します。

　最大ヒープを構築するには、その条件から、より深いノードからダウンヒープを行う必要があります。おおよそ完全二分木のノード番号を逆順に走査すれば深い順にノードを起点とすることができます。大きさ N のおおよそ完全二分木で子を持つノードの最大の番号は (N/2)-1 となるので、そこから根の 0 までを順番に起点とし、ダウンヒープを行います。

```
# 要素数 N の配列 A でヒープを構築する
buildHeap(A):
    for i ← N/2 - 1 downto 0:
        downHeap(A, i)


# 要素数 N の配列 A で表されたヒープのノード i からダウンヒープを行う
# 挿入ベースの実装
downHeap(A, i):
    largest ← i
    cur ← i
    val ← A[i]     # 起点の値を一時的に退避

    while True:
        # 最大値を持つノードを探す
        if left(cur) < N and right(cur) < N:
            # 左右に子を持つ場合
            if A[left(cur)] > A[right(cur)]:
                largest ← left(cur)
            else:
                largest ← right(cur)
        else if left(cur) < N:
            largest ← left(cur)     # 左の子のみを持つ場合
        else if right(cur) < N:
            largest ← right(cur)    # 右の子のみを持つ場合
        else:
            largest ← NIL

        if largest = NIL: break      # cur が葉の場合は終了
        if A[largest] ≤ val: break   # 起点の値以下の場合は終了

        A[cur] ← A[largest]
        cur ← largest         # 大きい方に向かって降下

    A[cur] ← val  # 起点の値を挿入位置に戻す
```

ここでは、ダウンヒープの操作をスワップではなく挿入 (insertion) をベースに実装しています。
　ダウンヒープ1回のオーダーは O(木の高さ) です。ビルドヒープでは以下のようにダウンヒープが行われます:

高さ 1 の N/2 個の部分木に対してダウンヒープ

高さ 2 の N/4 個の部分木に対してダウンヒープ

...

高さ log N の 1 個の部分木（木全体）に対してダウンヒープ

木の高さを h とし、これらを足し合わせると $\{1(N/2)+2(N/4)+...+h(N/2h)\}=N\{(1/2)+(2/4)+...(h/2^h)\}$ となります。{ } の中は 1 に近似できるためビルドヒープのオーダーは O(N) となります。

> **特徴**　ヒープの構築はアップヒープを繰り返すことでも達成できますが、その場合のオーダーは O(N log N) となってしまい、ダウンヒープによるビルドヒープの方が優れていると言えます。ダウンヒープによるヒープの構築は、ヒープソートの前処理として応用されます。

優先度付きキュー

★
★
★

高優先度データ先出 Dequeue by Priority

　データを追加していき、優先度が最も高いものから取り出すデータ構造は、多くのアルゴリズムで応用されます。

優先度が最も高いデータ（ここでは値が大きいもの）を優先的に取り出すルールに従ったデータ構造を実装してください。

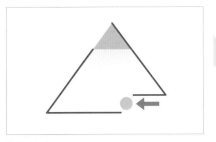

追加するデータ
操作の数 Q ≤ 100,000

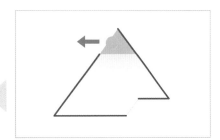

優先度に従って取り出されるデータ

  優先度付きキュー Priority Queue

　優先度付きキューは、優先度が高いものから取り出されるキューです。データをヒープ構造で保持しておくことで、高速に要求に答えることができます。キューの中の要素数が動的に変化するため、おおよそ完全二分木構造のサイズ N に加えて、ヒープの要素数を表すヒープサイズを管理します。

おおよそ完全二分木

	キューの要素	A

203

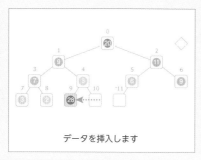

データを挿入します

最も優先度の高いデータを取得・削除します。

初期化		
	ヒープ条件を満たす整数の列を設定します。	
データの挿入と削除		
	要素を挿入します。	A[heapSize++] ← x
	アップヒープを行います。	upHeap(heapSize-1)
	ダウンヒープを行います。	downHeap(0)
	キューに入っている要素を表します。	区間 [0, heapSize)

初期化

1-1

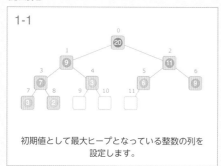

初期値として最大ヒープとなっている整数の列を設定します。

アルゴリズム・アニメーション

データの挿入と削除

2-1

28 を挿入します。

2-2

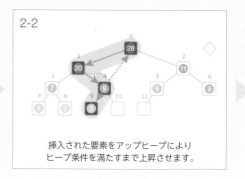

挿入された要素をアップヒープによりヒープ条件を満たすまで上昇させます。

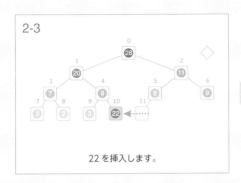

2-3

22 を挿入します。

2-4

挿入された要素をアップヒープにより
ヒープ条件を満たすまで上昇させます。

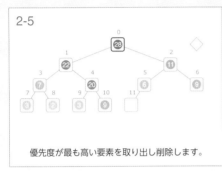

2-5

優先度が最も高い要素を取り出し削除します。

2-6

ヒープの末尾の要素を根にコピーし、
ヒープのサイズを1つ減らします。

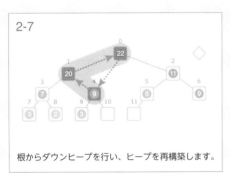

2-7

根からダウンヒープを行い、ヒープを再構築します。

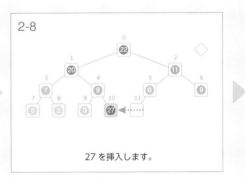

2-8

27 を挿入します。

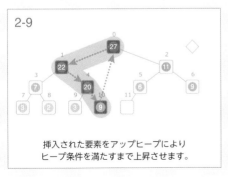

2-9

挿入された要素をアップヒープにより
ヒープ条件を満たすまで上昇させます。

2-10

優先度が最も高い要素を取り出し削除します。

ヒープの末尾の要素を根にコピーし、
ヒープのサイズを 1 つ減らします。

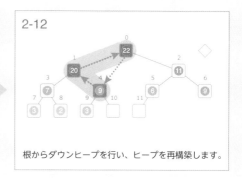

根からダウンヒープを行い、ヒープを再構築します。

　優先度付きキューに要素が挿入されたときは、ヒープの末尾に追加し、必要に応じてその場所を起点としてアップヒープを実行します。一方、データはヒープの根から取り出されます（削除されます）。空いた根にヒープの末尾の要素をコピーし、ヒープのサイズを 1 減らし、根からダウンヒープを実行することにより最大ヒープを再構築します。

```
class PriorityQueue:
    A           # キューの要素を保持する配列
    heapSize    # 実際にデータを保持しているヒープサイズ

    insert(x):
        A[heapSize++] ← x
        upHeap(heapSize-1)

    top():
        return A[0]

    extract():
        val ← A[0]
        A[0] ← A[heapSize-1]
        heapSize--
        downHeap(0)
        return val

    upHeap(i): # 挿入ベースの実装
        val ← A[i]

        while True:
```

```
            if  i ≤ 0: break
            if A[parent(i)] ≥ val: break
            A[i] ← A[parent(i)]
            i ← parent(i)

        A[i] ← val

downHeap(i): # 挿入ベースの実装
        largest ← i
        cur ← i
        val ← A[i]

        while True:
            if left(cur) < heapSize and right(cur) < heapSize:
                if A[left(cur)] > A[right(cur)] ):
                    largest ← left(cur)
                else:
                    largest ← right(cur)
            else if left(cur) < heapSize:
                largest ← left(cur)
            else if right(cur) < heapSize:
                largest ← right(cur)
            else:
                largest ← NIL

            if largest = NIL: break
            if A[largest] ≤ val: break

            A[cur] ← A[largest]
            cur ← largest

        A[cur] ← val
```

　データの挿入にはアップヒープが伴うため、優先度付きキューに対する挿入のオーダーは
O(log N) となります。一方、データの取り出し（削除）にはダウンヒープが伴うため、取得のオー
ダーも O(log N) となります。

> **特徴** オペレーティングシステムにおけるプロセスの処理など、優先度付きキューは順番を管理するアプリケーションに広く使われています。また、最短経路を求めるダイクストラのアルゴリズムなど、高等的なアルゴリズムの基盤データ構造として応用されています。

基本データ構造：比較表

データ構造		計算量	ルール	テクニック
	スタック		後入先出 (LIFO: Last-In-First-Out)	
	キュー		先入先出 (FIFO: First-In-First-Out)	
	優先度付きキュー		優先度の高いものから取り出す	

19章

二分木
(Binary Tree)

　管理するデータの形を工夫することによって、アルゴリズムの効率は劇的に改善します。1つのノードが最大2つの子ノードをもつ二分木構造の性質は、データを整理し、探索を含めた多くのアルゴリズムを高速化します。また、高速なアルゴリズムの多くは、その論理的な構造として二分木が現れます。

　この章では、導入として二分木のノードを体系的に訪問するアルゴリズムを獲得します。二分木は異なる方法で巡回することができ、巡回アルゴリズムの特徴によって様々な問題を解決することができます。

・先行順巡回
・後行順巡回
・中間順巡回
・レベル順巡回

19-1 先行順巡回
★★★

二分木の巡回：親優先　Traversal on Binary Tree: Parent First

　階層的な構造をもつ文書等は、一連のテキスト中のキーワードを掘り下げて解釈・解析されます。また、親の計算結果を子に託すことで、計算を効率化するアルゴリズムを実装することができます。

二分木のノードを次の条件を満たすように訪問してください：子よりも親を優先的に訪問する。

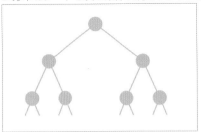

二分木
ノードの数 N ≤ 100,000

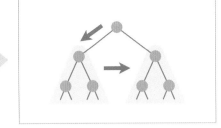

子よりも親を優先した巡回

先行巡回 Pre-order Traversal

　先行順巡回アルゴリズムは、二分木のノードを部分木の根、左部分木、右部分木の順に訪問します。二分木の各ノードに、先行順巡回で訪問した順番を印字していきます。

	訪問した順番	L

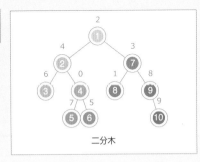

二分木

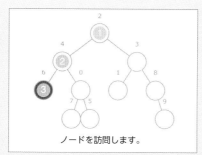

ノードを訪問します。

二分木の巡回		
●	ノードを訪問した順番を印字します。	L[u] ← time++
	訪問済みのノードを拡張していきます。	L[u] が設定されたノード

二分木の巡回

2-1

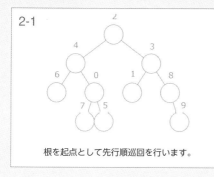

根を起点として先行順巡回を行います。

2-2

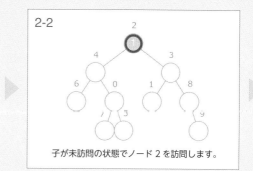

子が未訪問の状態でノード 2 を訪問します。

2-3

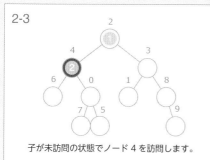

子が未訪問の状態でノード 4 を訪問します。

2-4

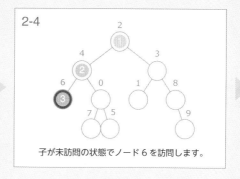

子が未訪問の状態でノード 6 を訪問します。

2-5

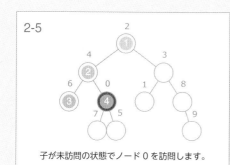

子が未訪問の状態でノード 0 を訪問します。

2-6

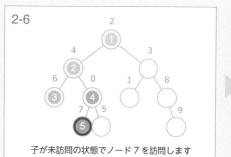

子が未訪問の状態でノード 7 を訪問します

211

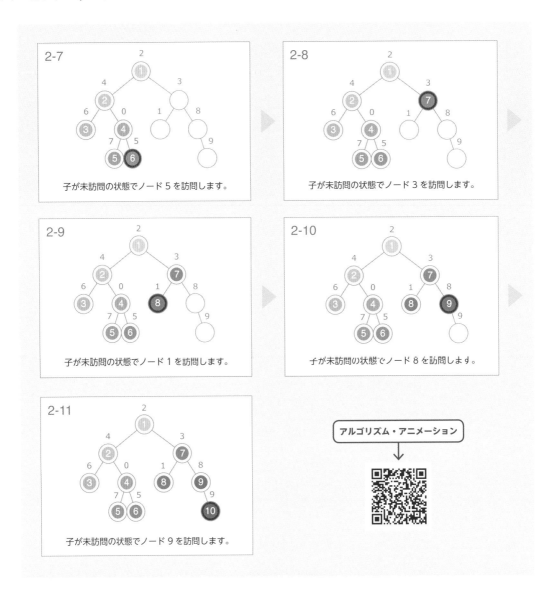

2-7 子が未訪問の状態でノード 5 を訪問します。

2-8 子が未訪問の状態でノード 3 を訪問します。

2-9 子が未訪問の状態でノード 1 を訪問します。

2-10 子が未訪問の状態でノード 8 を訪問します。

2-11 子が未訪問の状態でノード 9 を訪問します。

アルゴリズム・アニメーション

preorder(u) を二分木 t のノード u を訪問する再帰関数とすると、先行順巡回は、u の訪問順を印字した後に、preorder(u の左の子) で左部分木、preorder(u の右の子) で右部分木のノードを順番に訪問します。

```
BinaryTree t ← 二分木を生成
time ← 1
# 二分木 t のノード u を訪問する関数
preorder(u):
    if u = NIL: # u が存在しない
        return
    L[u] ← time++
    preorder(t.nodes[u].left)  # u の左の子
    preorder(t.nodes[u].right) # u の右の子

# 二分木の根を起点として訪問を開始

preorder(t.root)
```

二分木の巡回では、各ノードが一度訪問されるので、オーダーは O(N) となります。

特徴　先行順巡回アルゴリズムでは、その子よりも親が優先的に処理されます。この特徴は、親ノードの計算結果を使って、子の部分木に関する計算を行うアルゴリズム等に応用されます。例えば、高等的な整列アルゴリズムのクイックソートは先行順巡回の流れに基づいています。また、テキストを解析する構文解析のアルゴリズムにも応用されます。

19-2 後行順巡回 ★★

二分木の巡回：子優先 Traversal on Binary Tree: Children First

それぞれの子の計算結果を親の計算に有効活用することで、効率的なアルゴリズムを実装することができます。

二分木のノードを次の条件を満たすように訪問してください：親よりも子を優先的に訪問する。

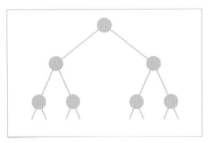

二分木
ノードの数 N ≤ 100,000

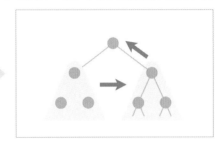

親よりも子を優先した巡回の訪問順

 後行順巡回 Post-order Traversal

後行順巡回アルゴリズムは、二分木のノードを左部分木、右部分木、部分木の根の順に訪問します。二分木の各ノードに、後行順巡回で訪問した順番を印字していきます。

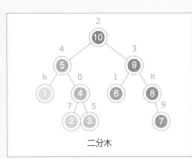

二分木

	訪問した順番	L

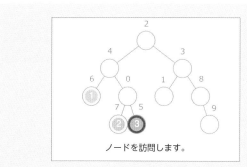

二分木の巡回		
●	ノードを訪問して順番のラベルをつけます。	L[u] ← time++
	訪問済みのノードを拡張していきます。	L[u] が設定されたノード

ノードを訪問します。

二分木の巡回

1-1

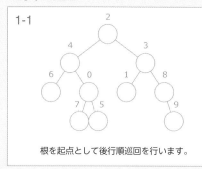

根を起点として後行順巡回を行います。

1-2

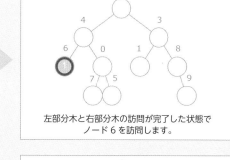

左部分木と右部分木の訪問が完了した状態で
ノード 6 を訪問します。

1-3

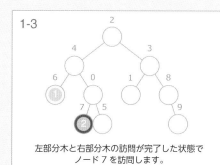

左部分木と右部分木の訪問が完了した状態で
ノード 7 を訪問します。

1-4

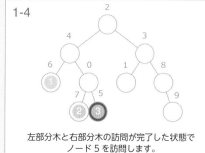

左部分木と右部分木の訪問が完了した状態で
ノード 5 を訪問します。

1-5

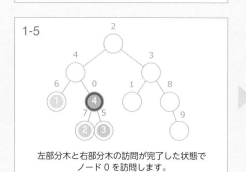

左部分木と右部分木の訪問が完了した状態で
ノード 0 を訪問します。

1-6

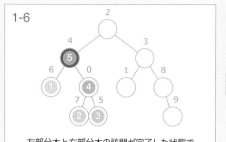

左部分木と右部分木の訪問が完了した状態で
ノード 4 を訪問します。

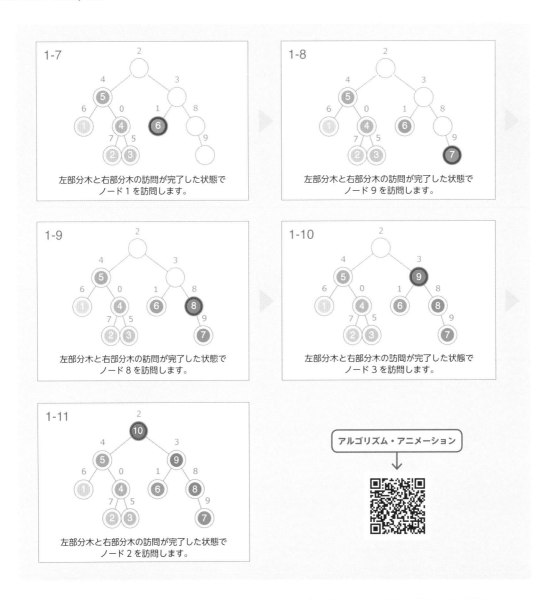

1-7 左部分木と右部分木の訪問が完了した状態で
ノード 1 を訪問します。

1-8 左部分木と右部分木の訪問が完了した状態で
ノード 9 を訪問します。

1-9 左部分木と右部分木の訪問が完了した状態で
ノード 8 を訪問します。

1-10 左部分木と右部分木の訪問が完了した状態で
ノード 3 を訪問します。

1-11 左部分木と右部分木の訪問が完了した状態で
ノード 2 を訪問します。

アルゴリズム・アニメーション

postorder(u)を二分木tのノードuを訪問する再帰関数とすると、後行順巡回は、postorder(u の左の子) で左部分木、postorder(u の右の子) で右部分木のノードを順番に訪問してから、u を印字します。

```
BinaryTree t ← 二分木を生成
time ← 1

# 二分木 t のノード u を訪問する関数
postorder(u):
    if u = NIL:
        return
    postorder(t.nodes[u].left)
    postorder(t.nodes[u].right)
    L[u] ← time++

# 二分木の根を起点として訪問開始

postorder(t, t.root)
```

二分木の巡回では、各ノードが一度訪問されるので、オーダーは O(N) となります。

特徴　後行順巡回アルゴリズムでは、親がその子たちの後に処理されます。この特徴は、子ノードの計算結果を使って、親ノードの計算を行うアルゴリズムに現れます。例えば、高等的な整列アルゴリズムであるマージソートをはじめとする分割統治法や動的計画法と呼ばれる手法に広く応用されています。

19-3 | 中間順巡回 ★★

二分木の巡回：左の子・親優先 Traversal on Binary Tree: Left Child-Parent First

　親子の順番だけでなく、親を挟んだ兄弟にも優先順を付けた巡回は、ノードの値に大小関係の条件が付くデータ構造で重要な役割を果たします。

二分木のノードを次の条件を満たすように訪問してください：親が左の子の子孫の後、右の子の子孫の前に訪問される。

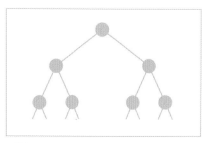

二分木
ノードの数 N ≤ 100,000

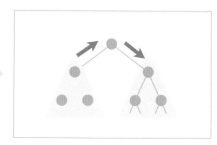

親の前に左の子の子孫、右の子の子孫の前に親が訪問される訪問順

  中間順巡回 In-order Traversal

　間順巡回アルゴリズムは二分木のノードを左部分木、部分木の根、右部分木の順に訪問します。二分木の各ノードに、中間順巡回で訪問した順番を印字していきます。

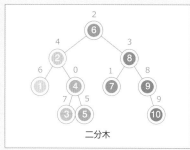

二分木

	訪問した順番	L

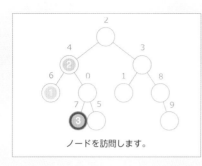

ノードを訪問します。

二分木の巡回		
●	ノードを訪問して順番のラベルをつけます。	L[u] ← time++
	訪問済みのノードを拡張していきます。	L[u] が設定されたノード

二分木の巡回

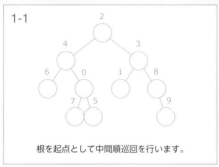

1-1

根を起点として中間順巡回を行います。

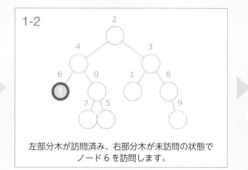

1-2

左部分木が訪問済み、右部分木が未訪問の状態でノード 6 を訪問します。

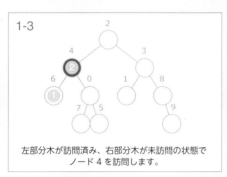

1-3

左部分木が訪問済み、右部分木が未訪問の状態でノード 4 を訪問します。

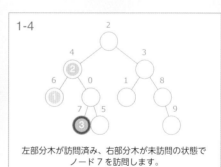

1-4

左部分木が訪問済み、右部分木が未訪問の状態でノード 7 を訪問します。

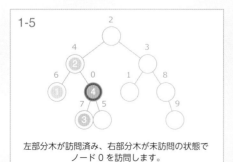

1-5

左部分木が訪問済み、右部分木が未訪問の状態でノード 0 を訪問します。

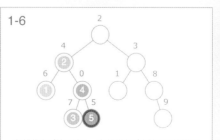

1-6

左部分木が訪問済み、右部分木が未訪問の状態でノード 5 を訪問します。

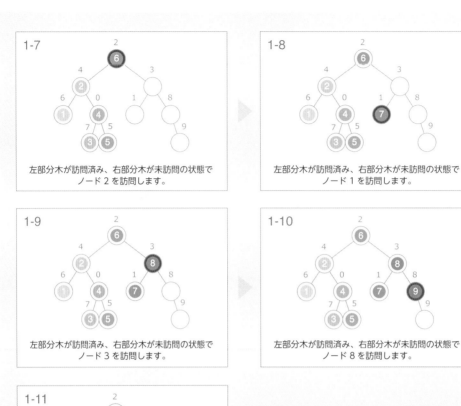

1-7

左部分木が訪問済み、右部分木が未訪問の状態で
ノード 2 を訪問します。

1-8

左部分木が訪問済み、右部分木が未訪問の状態で
ノード 1 を訪問します。

1-9

左部分木が訪問済み、右部分木が未訪問の状態で
ノード 3 を訪問します。

1-10

左部分木が訪問済み、右部分木が未訪問の状態で
ノード 8 を訪問します。

1-11

左部分木が訪問済み、右部分木が未訪問の状態で
ノード 9 を訪問します。

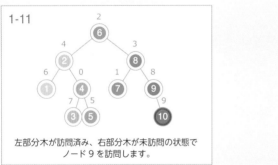

アルゴリズム・アニメーション

　inorder(u) を二分木 t のノード u を訪問する再帰関数とすると、中間順巡回は、inorder(u の左の子) で左部分木のノードを訪問した後に、u を印字し、その後に inorder(u の右の子) で右部分木のノードを順番に訪問します。

```
BinaryTree t ← 二分木を生成
time ← 1

# 二分木 t のノード u を訪問する関数
inorder(u):
    if u = NIL:
        return
    inorder(t.nodes[u].left)
    L[u] ← time++
    inorder(t.nodes[u].right)

# 二分木の根を起点として訪問開始

inorder(t, t.root)
```

二分木の巡回では、各ノードが一度訪問されるので、オーダーは O(N) となります。

> **特徴**　中間順巡回アルゴリズムでは、親が左の子の後、右の子の前に処理されます。この特徴は、データの大小関係を維持する二分探索木の要素を、値の昇順にアクセスするアルゴリズムとして応用されます。

19-4 レベル順巡回

★
★
★

二分木の巡回：距離優先 Traversal on Binary Tree: Distance First

先行順巡回は親を優先した巡回アルゴリズムですが、ノードの深さに関する条件はありません。一方、根から近い順に訪問すれば、親を優先した巡回も達成できますが、根からの距離（深さ）に関する興味深い性質が得られます。

二分木のノードを次の条件を満たすように訪問してください：深さが k のノードを訪問する前に、深さが k-1 の全てのノードが訪問されている。

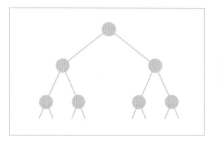

二分木
ノード数 N ≤ 100,000

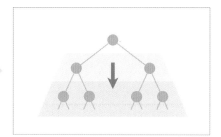

深さが浅いノードを優先した巡回の訪問順

 レベル順巡回 Level-order Traversal

レベル順巡回アルゴリズムでは、根から近い順にノードを訪問します。二分木の各ノードに、レベル順巡回で訪問した順番を印字していきます。

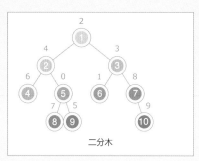

二分木

訪問した順番	L

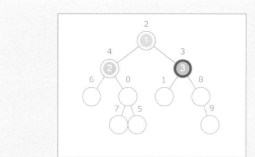

二分木の巡回		
●	ノードを訪問して順番のラベルをつけます。	L[u] ← time++
	訪問済みのノードを拡張していきます。	L[u] が設定されたノード

二分木の巡回

1-1

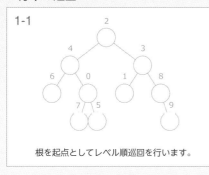

根を起点としてレベル順巡回を行います。

1-2

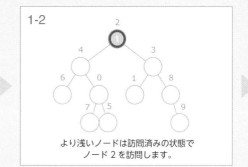

より浅いノードは訪問済みの状態でノード 2 を訪問します。

1-3

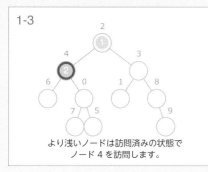

より浅いノードは訪問済みの状態でノード 4 を訪問します。

1-4

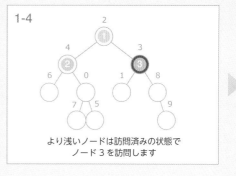

より浅いノードは訪問済みの状態でノード 3 を訪問します

1-5

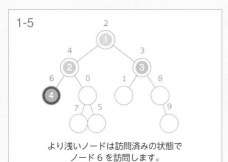

より浅いノードは訪問済みの状態でノード 6 を訪問します。

1-6

より浅いノードは訪問済みの状態でノード 0 を訪問します。

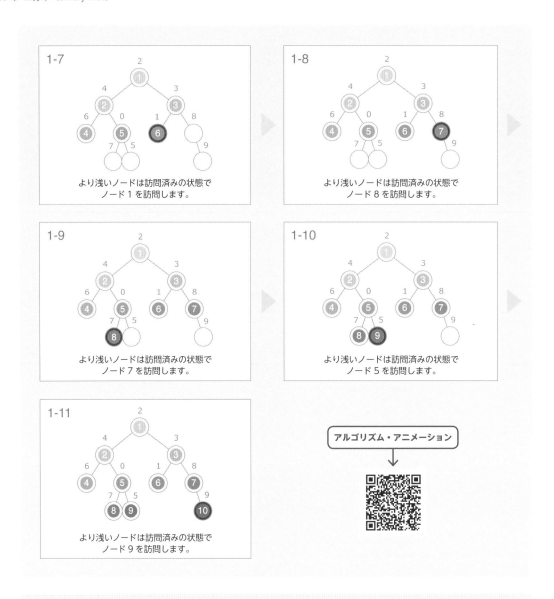

1-7
より浅いノードは訪問済みの状態で
ノード 1 を訪問します。

1-8
より浅いノードは訪問済みの状態で
ノード 8 を訪問します。

1-9
より浅いノードは訪問済みの状態で
ノード 7 を訪問します。

1-10
より浅いノードは訪問済みの状態で
ノード 5 を訪問します。

1-11
より浅いノードは訪問済みの状態で
ノード 9 を訪問します。

アルゴリズム・アニメーション

　レベル順巡回は、根からノードの深さが浅い順に訪問します。つまり深さが k+1 のノードを訪問する前に、深さ k のノードは全て訪問済みになるように巡回します。この巡回は、キューでノードを管理することによって実現することができます。最初に根の番号をキューに入れておき、キューが空になるまで、キューから取り出したノードの子をキューに入れる操作を繰り返します。

```
# s を起点として二分木 t のノードをレベル順に訪問
levelorder(t, s):
    Queue que
    que.push(s)
    time ← 1
    while not que.empty()
        u ← que.dequeue()
        L[u] ← time++
        if t.nodes[u].left ≠ NIL:
            que.push(t.nodes[u].left)
        if t.nodes[u].right ≠ NIL:
            que.push(t.nodes[u].right)

# 二分木の根を起点として訪問開始
BinaryTree t ← 二分木
levelorder(t, t.root)
```

二分木の巡回では、各ノードが一度訪問されるので、オーダーは O(N) となります。

特徴　　レベル順巡回では、親を優先するだけでなく、ノードを浅い順、つまり根からの距離（エッジの数）が近い順に訪問することができます。この性質から、根からの距離が重要な問題やアプリケーションに応用されます。レベル順巡回は、幅優先探索とも呼ばれ、グラフに対して一般化することができます。

20章

ソート
(Sorting)

　一般的にコンピュータは大規模なデータを扱います。「遅いソート」で獲得した $O(N^2)$ の素朴な整列アルゴリズムは、サイズが大きい問題を現実的な時間で解決することはできません。配列に対する操作や二分木の性質を応用することで、より高度で実用的な整列アルゴリズムを実装することができます。

　この章では、ここまでに獲得している挿入、マージ、パーティション、累積和、二分木の性質を利用したデータ構造とアルゴリズムを活用した、高等的な整列アルゴリズムを獲得します。

- ・マージソート
- ・ヒープソート
- ・シェルソート
- ・クイックソート
- ・計数ソート

20-1 マージソート

★
★
★

整数列の整列 Sorting Integers

整数の列を小さい順に並び替えてください。

整数の列 $a_0, a_1, ..., a_{N-1}$
N ≤ 1,00,000
a_i ≤ 1,000,000,000

整列された整数の列

 ## マージソート Merge Sort

マージソート (mergeSort) は、二分木の後行順巡回の流れの中で、配列を半分に分け、それぞれをソートし、結果をマージ (merge) で統合する処理を再帰的に行うアルゴリズムです。

	整数の列	A

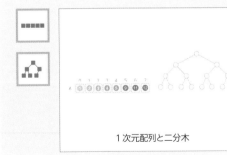

1次元配列と二分木

アルゴリズム・アニメーション

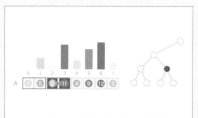

マージによって隣り合う2つの区間を
統合します。

入力		
	整数の列を入力します。	
マージソート		
	2つの区間をマージします。	`merge(A, l, m, r)`
出力		
	整列された整数の列を出力します。	

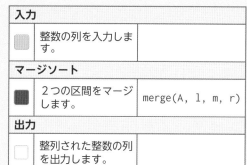

入力

1-1

数列を入力します。

マージソート

2-1

mergeSort(0, 1) を実行しますが、
要素が1つなので何もしません。

2-2

mergeSort(1, 2) を実行しますが、
要素が1つなので何もしません。

2-3

mergeSort(0, 2) によってそれぞれ整列済みの区間
[0, 1) と区間 [1, 2) の要素を merge により統合します。

2-4

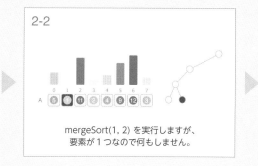

mergeSort(2, 3) を実行しますが、
要素が1つなので何もしません。

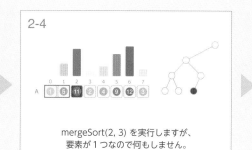

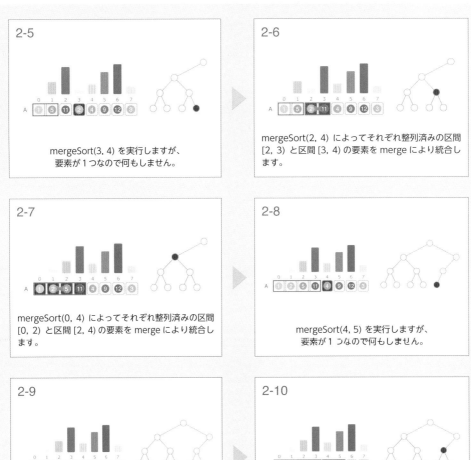

2-5

mergeSort(3, 4) を実行しますが、
要素が１つなので何もしません。

2-6

mergeSort(2, 4) によってそれぞれ整列済みの区間
[2, 3) と区間 [3, 4) の要素を merge により統合し
ます。

2-7

mergeSort(0, 4) によってそれぞれ整列済みの区間
[0, 2) と区間 [2, 4) の要素を merge により統合し
ます。

2-8

mergeSort(4, 5) を実行しますが、
要素が１つなので何もしません。

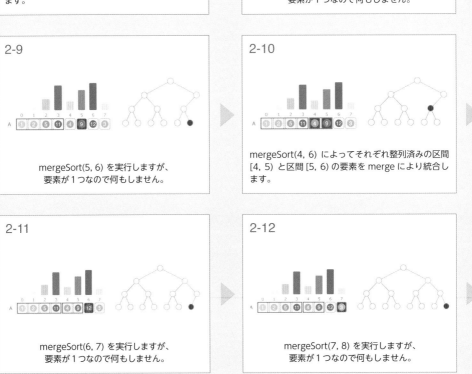

2-9

mergeSort(5, 6) を実行しますが、
要素が１つなので何もしません。

2-10

mergeSort(4, 6) によってそれぞれ整列済みの区間
[4, 5) と区間 [5, 6) の要素を merge により統合し
ます。

2-11

mergeSort(6, 7) を実行しますが、
要素が１つなので何もしません。

2-12

mergeSort(7, 8) を実行しますが、
要素が１つなので何もしません。

2-13

mergeSort(6, 8) によってそれぞれ整列済みの区間
[6, 7) と区間 [7, 8) の要素を merge により統合し
ます。

2-14

mergeSort(4, 8) によってそれぞれ整列済みの区間
[4, 6) と区間 [6, 8) の要素を merge により統合し
ます。

2-15

mergeSort(0, 8) によってそれぞれ整列済みの区間
[0, 4) と区間 [4, 8) の要素を merge により統合し
ます。

出力

3-1

整列された整数の列を出力します。

　マージソートは、配列構造上のデータを整列しますが、その計算手順は二分木構造にお
ける後行順巡回に基づいています。アルゴリズムの起点は、配列全体をソート範囲として
mergeSort を実行します。二分木の各ノードでは、ソートの範囲を前半と後半に分割し、それ
ぞれ mergeSort を行います。左の子と右の子の計算で2つの mergeSort が完了すると、そ
れぞれの部分列はソート済みになるため、これらを merge で統合していきます。

```
# 配列 A の区間 [l, r) に対してマージソート
mergeSort(A, l, r):
    if l+1 < r:
        m ← (l+r)/2
        mergeSort(A, l, m)
        mergeSort(A, m, r)
        merge(A, l, m, r)


# 配列全体を指定してマージソートを実行
A ← 入力された整数の列
mergeSort(A, 0, N)
```

　マージソートでは、二分木の葉以外のノードの数だけ merge が行われますが、各レベルで N 回のデータの比較・移動が行われます。マージソートにおける二分木の高さは $\log_2 N$ になるので、オーダーは O(N log N) となります。一方、マージソートは merge を行うために、入力以外の別の配列（メモリ）が必要になる特徴（欠点）があります。このようなソートを外部ソートと呼びます。

　一方、マージソートは「安定なソートアルゴリズム」であるという特長があります。安定なソートとは、入力データに同じ値の要素が 2 つ以上あった場合、ソートの後でそれらの要素の順序が保たれるソートです。例えば、1 つの数字と S, D, C, または H の模様からなるカードを並び替えることを考えます。5H, 3D, 2S, 3C の 4 つのカードを数字のみを基準に整列したとき、3D と 3C の順序が崩れ、2S, 3C, 3D, 5H とソートしてしまう可能性があるアルゴリズムは安定ではありません。

> **特徴**　問題をその小さい部分問題に分割・計算し、計算結果を統合する処理を（再帰的に）行う手法を分割統治法と言います。マージソートは分割統治法に基づくアルゴリズムです。マージソートはメモリを必要としますが、データの並びに依存しない高速なオーダーで、かつ安定なソートのため、いくつかのプログラミング言語の標準ライブラリの要素として広く使われています。

20-2 クイックソート

★ ★ ★

整数列の整列 Sorting Integers

整数の列を小さい順に並び替えてください。

整数の列 $a_0, a_1, ..., a_{N-1}$
$N \leq 1,00,000$
$d_i \leq 1,000,000,000$

整列された整数の列

クイックソート Quick Sort

　クイックソート (quickSort) は、二分木の先行順巡回の流れの中で、パーティション (partition) によって区間を基準値よりも小さい要素の区間と大きい要素の区間に分割し、それぞれの区間に対して再帰的に quickSort を行います。

1 次元配列と二分木

 整数の列	A

アルゴリズム・アニメーション →

233

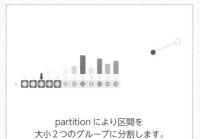

partition により区間を
大小2つのグループに分割します。

入力		
整数の列を読み込みます。		
マージソート		
区間を分割します。	partition(A, l, r)	
↓	分割の基準値を指します。	q
出力		
整列された整数の列を出力します。		

入力

1-1

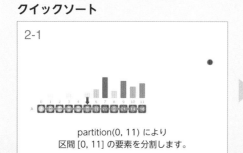

整数の列を入力します。

クイックソート

2-1

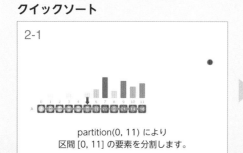

partition(0, 11) により
区間 [0, 11] の要素を分割します。

2-2

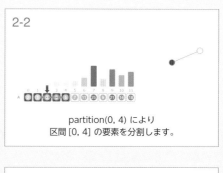

partition(0, 4) により
区間 [0, 4] の要素を分割します。

2-3

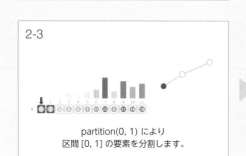

partition(0, 1) により
区間 [0, 1] の要素を分割します。

2-4

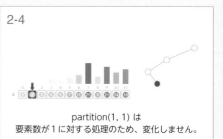

partition(1, 1) は
要素数が1に対する処理のため、変化しません。

2-5

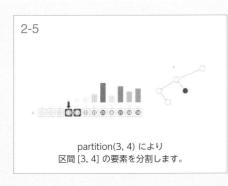

partition(3, 4) により
区間 [3, 4] の要素を分割します。

2-6

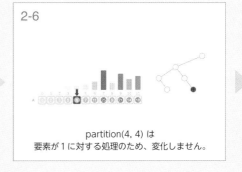

partition(4, 4) は
要素が1に対する処理のため、変化しません。

2-7

partition(6, 11) により
区間 [6, 11] の要素を分割します。

2-8

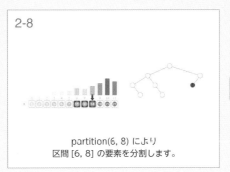

partition(6, 8) により
区間 [6, 8] の要素を分割します。

2-9

partition(6, 7) により
区間 [6, 7] の要素を分割します。

2-10

partition(7, 7) は
要素数が1に対する処理のため、変化しません。

2-11

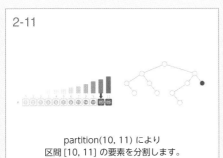

partition(10, 11) により
区間 [10, 11] の要素を分割します。

2-12

partition(11, 11) は
要素数が1に対する処理のため、変化しません。

出力

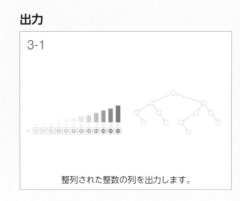

3-1

整列された整数の列を出力します。

　クイックソートは、配列構造上のデータを整列しますが、その計算手順は二分木構造における先行順巡回に基づいています。アルゴリズムの起点は、配列全体をソートする範囲として quickSort を実行します。二分木の各ノードでは、最初に現在の区間 [l, r] について partition を行い、要素を基準値よりも小さいグループと大きいグループに分割します。このときグループの境にある基準値の位置 q を保持しておき、それを基に区間 [l, r] を前半の区間 [l, q-1] と後半の区間 [q+1, r] に分割し、それぞれに対して quickSort を再帰的に実行します。

```
# 配列 A の区間 [l, r] の要素をソート
quickSort(A, l, r):
    if  l < r:
        q ← partition(A, l, r)
        quickSort(A, l, q-1)
        quickSort(A, q+1, r)

# 配列全体に対してクイックソート
A ← 入力された整数の列
quickSort(A, 0, N-1)
```

クイックソートでは、partition における基準値の位置が、計算量に影響します。基準値の位置がソート範囲の中央に近ければ、バランスのとれた二分木となり、その高さは $\log_2 N$ に近づきます。このとき各レベルで行われる比較・スワップ処理のオーダーは O(N) となるため、全体のオーダーは O(N log N) となります。一方、基準値を固定してしまうと、入力データの並びに隔たりがあった場合（例えば、既に整列されているか、それに近い場合）は、partition がバランスよく機能せず、$O(N^2)$ になってしまいます。これは、基準の位置をランダムに選択するなどの工夫で、対策を行うことが可能です。また、クイックソートは離れた要素を交換するため、安定なソートではありません。

　一方、クイックソートは、マージソートとは違い、1つの配列でソートを完結することができます。このようなソートをインプレイス (in-place) ソートと言います。

> **特徴**　クイックソートは、データの隔たりや安定性の問題に対する工夫が必要ですが、現在考案されているアルゴリズムの中でも、最も高速に動く整列アルゴリズムのひとつとして、広く応用されています。

20-3　ヒープソート

★★★

整数列の整列　Sorting Integers

整数の列を小さい順に並び替えてください。

整数の列 $a_0, a_1, ..., a_{N-1}$
N ≤ 1,00,000
a_i ≤ 1,000,000,000

整列された整数の列

ヒープソート Heap Sort

ヒープソートは、その名の通りヒープ構造を用いて高速に整列を行うアルゴリズムです。

おおよそ完全二分木

	整数の列	A

アルゴリズム・アニメーション →

最大値であるヒープの根と
末尾の要素をスワップします。

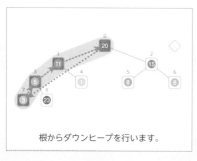

根からダウンヒープを行います。

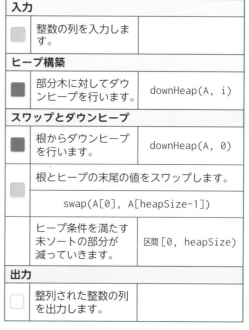

入力		
	整数の列を入力します。	
ヒープ構築		
	部分木に対してダウンヒープを行います。	`downHeap(A, i)`
スワップとダウンヒープ		
	根からダウンヒープを行います。	`downHeap(A, 0)`
	根とヒープの末尾の値をスワップします。	
	`swap(A[0], A[heapSize-1])`	
	ヒープ条件を満たす未ソートの部分が減っていきます。	`区間 [0, heapSize)`
出力		
	整列された整数の列を出力します。	

入力

1-1

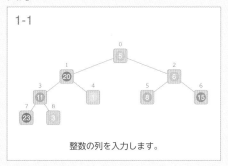

整数の列を入力します。

ヒープ構築

2-1

挿入により起点の要素を葉に向かって降下させます。
downHeap(3)

2-2

挿入により起点の要素を葉に向かって降下させます。
downHeap(2)

2-3

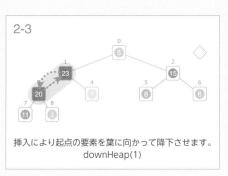

挿入により起点の要素を葉に向かって降下させます。
downHeap(1)

2-4

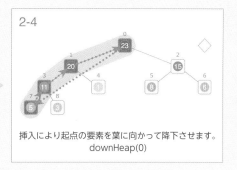

挿入により起点の要素を葉に向かって降下させます。
downHeap(0)

スワップとダウンヒープ

3-1

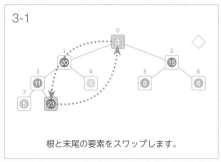

根と末尾の要素をスワップします。

3-2

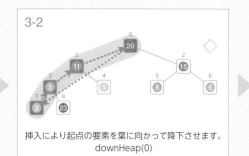

挿入により起点の要素を葉に向かって降下させます。
downHeap(0)

239

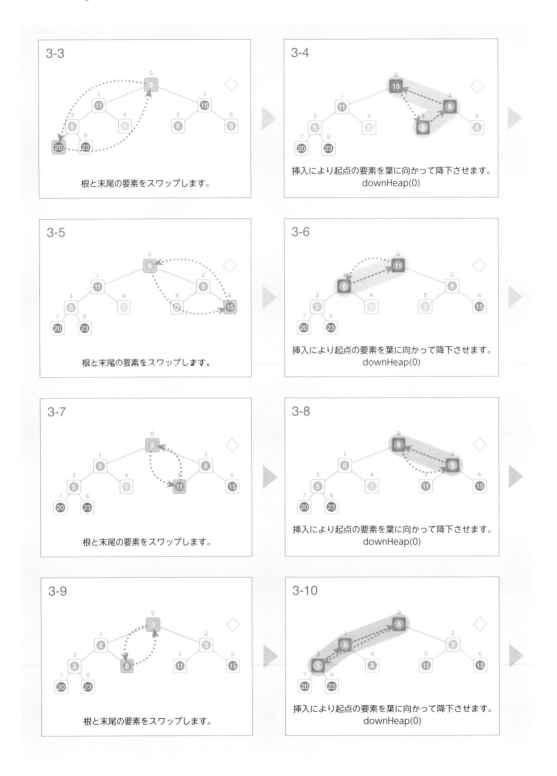

3-3

根と末尾の要素をスワップします。

3-4

挿入により起点の要素を葉に向かって降下させます。
downHeap(0)

3-5

根と末尾の要素をスワップします。

3-6

挿入により起点の要素を葉に向かって降下させます。
downHeap(0)

3-7

根と末尾の要素をスワップします。

3-8

挿入により起点の要素を葉に向かって降下させます。
downHeap(0)

3-9

根と末尾の要素をスワップします。

3-10

挿入により起点の要素を葉に向かって降下させます。
downHeap(0)

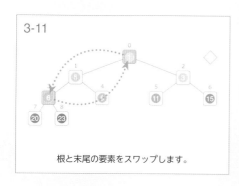

3-11

根と末尾の要素をスワップします。

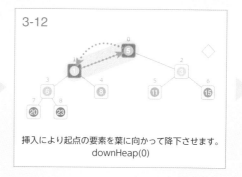

3-12

挿入により起点の要素を葉に向かって降下させます。
downHeap(0)

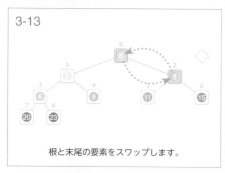

3-13

根と末尾の要素をスワップします。

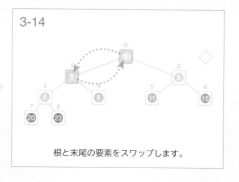

3-14

根と末尾の要素をスワップします。

出力

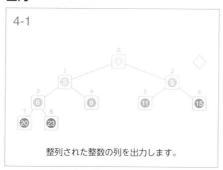

4-1

整列された整数の列を出力します。

　前処理として、与えられたデータを基にヒープを構築します。ヒープの根には、常にその時点で優先度が最も高いもの（値が大きいもの）が格納されているため、根から順に要素を取り出し、後ろから大きい順に並べることができます。ヒープソートでは、根の値とヒープの末尾の値をスワップし、ヒープのサイズ heapSize を減らすことで、ヒープの区間とソート済みの区間を区別します。heapSize は未ソート部分の要素数でもあり、ダウンヒープを行う範囲を制御します。

20
-
3

ヒープソート

241

```
heapSort(A, N):
    # buildHeap
    for i ← N/2 - 1 downto 0:
        downHeap(A, i)

    heapSize ← N
    while heapSize ≥ 2:
        swap(A[0], A[heapSize-1])
        heapSize--
        downHeap(A, 0) # heapSize の範囲でダウンヒープ
```

　ヒープソートはダウンヒープを N 回行うので、オーダーは O(N log N) となります。ヒープソートは、1つの配列で完結するインプレイスソートであるという特長を持ちますが、離れた要素をスワップするため安定なソートではありません。また、ヒープソートは、配列内の遠く離れた要素を頻繁にスワップするため、システムによっては実行時間に影響が出る可能性があります。

20-4　計数ソート　★★

整数列の整列 Sorting Integers

　アルゴリズムを考えるうえで、問題の制約を考慮することは重要です。例えば、扱うデータの「値」の範囲が比較的小さければ、その性質を利用することができます。

整数の列を小さい順に並び替えてください。

整数の列 $a_0, a_1, ..., a_{N-1}$
N ≤ 100,000
0 ≤ a_i ≤ 100,000

整列された整数の列

計数ソート Counting Sort

　計数ソートは、入力配列に含まれる各整数の数を数え上げ、その累積和を用いて高速にデータを並べ替えます。

3つの1次元配列

 	入力の整数の列	A
	各整数の出現数の累積和	C
	整列された整数の列	B

アルゴリズム・アニメーション →

計数ソート

入力に現れる数をそれぞれカウントします。

カウントの累積和をとります。

累積和を用いて、
入力の要素を出力先に配置します。

入力		
	整数の列を入力します。	
カウント		
	整数のカウンタを1増やします。	C[A[i]]++
カウントの累積和		
	累積和を計算します。	
	$C[i] \leftarrow C[i] + C[i-1]$	
出力配列への移動		
	カウンタの値の位置に、入力の要素をコピーします。	
	$B[C[A[i]]] \leftarrow A[i]$	
	使用する整数のカウンタをひとつ減らします。	C[A[i]]--
出力		
	整列された整数の列を出力します。	

入力

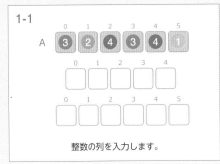

整数の列を入力します。

カウント

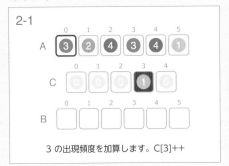

3 の出現頻度を加算します。C[3]++

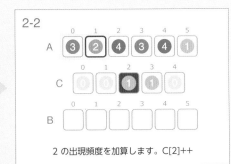

2 の出現頻度を加算します。C[2]++

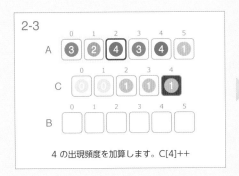

4 の出現頻度を加算します。C[4]++

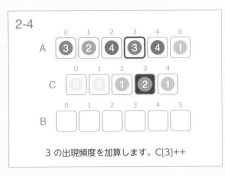

3 の出現頻度を加算します。C[3]++

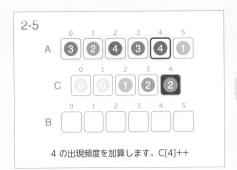

4 の出現頻度を加算します。C[4]++

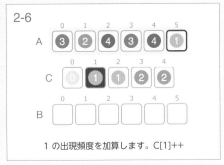

1 の出現頻度を加算します。C[1]++

カウントの累積和

3-1

整数の列を入力します。

出力配列への移動

4-1

出力用の配列にコピーします。 C[1]--, B[0] ← 1

4-2

出力用の配列にコピーします。 C[4]--, B[5] ← 4

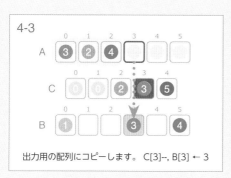

4-3

出力用の配列にコピーします。 C[3]--, B[3] ← 3

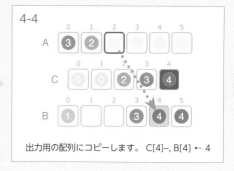

4-4

出力用の配列にコピーします。 C[4]--, B[4] ← 4

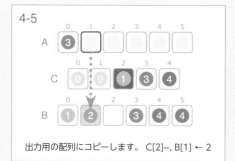

4-5

出力用の配列にコピーします。 C[2]--, B[1] ← 2

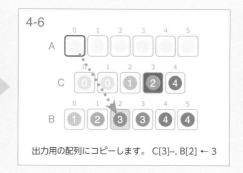

4-6

出力用の配列にコピーします。 C[3]--, B[2] ← 3

計数ソート

出力

整列された整数の列を出力します。

　アルゴリズムは3つのフェーズから成ります。最初のフェーズで、入力配列 A を走査し、それに含まれる各整数の数をカウント用の配列 C で数え上げます。この時点で、カウント用配列 C の要素 i には、整数 i の出現数が保存されます。

　次のフェーズで、カウント用配列 C の先頭（つまり整数 0 から）から累積和をとっていきます。この累積和により、「現段階で i 以下の整数が入力配列の中に何個含まれるか」つまり「出力配列の何番目に配置すべきか」を O(1) で求めることができるようになります。

　最後のフェーズで、この累積和を使い入力配列 A の後方から順番に要素を出力配列 B に移動していきます。移動した要素の該当するカウンタは 1 減らします。

```
countingSort(A, B, N):
    C # サイズ K+1 の配列

    for i ← 0 to N-1:
        C[A[i]]++

    for i ← 1 to K:
        C[i] ← C[i] + C[i-1]

    for i ← N-1 downto 0:
        C[A[i]]--
        B[C[A[i]]] ← A[i]
```

計数ソートは、各要素の最大値が比較的小さく、全ての要素が非負の値の場合に適用することができます。要素の数え上げと出力配列に移動する処理のオーダーは O(N) です。また、要素の最大値を K とすると、累積和を求める処理のオーダーは O(K) になります。よって、計数ソートのオーダーは O(N + K) となります。計数ソートは高速であり、安定なソートです。一方、計数ソートでは、入力の配列以外に、サイズ N の出力用の配列と、サイズ K のカウンタ・累積和用の配列が必要になります。

> **特徴**　要素の最大値が比較的小さい大規模なデータに対して、ソートの高速化が期待できます。

20-5　シェルソート

★
★
★

整数列の整列　Sorting Integers

整数の列を小さい順に並び替えてください。

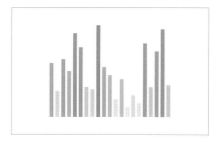

整数の列 $a_0, a_1, ..., a_{N-1}$
$N \leq 1,00,000$
$a_i \leq 1,000,000,000$

整列された整数の列

シェルソート　Shell Sort

　シェルソートは、一定の間隔だけ離れた要素のみを対象とした挿入ソートを繰り返すことで、配列の要素を並べ替えます。

1次元配列

	整数の列	A

アルゴリズム・アニメーション →

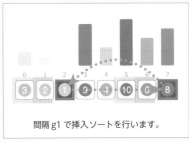

間隔 g1 で挿入ソートを行います。

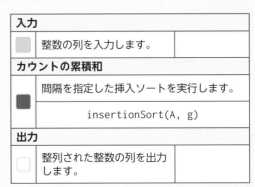

入力	
	整数の列を入力します。
カウントの累積和	
	間隔を指定した挿入ソートを実行します。 insertionSort(A, g)
出力	
	整列された整数の列を出力します。

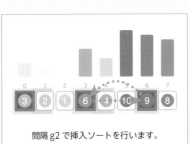

間隔 g2 で挿入ソートを行います。

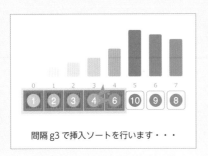

間隔 g3 で挿入ソートを行います・・・

入力

整数の列を入力します。

挿入ソート

2-1

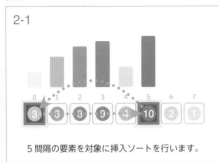

5 間隔の要素を対象に挿入ソートを行います。

2-2

5 間隔の要素を対象に挿入ソートを行います。

2-3

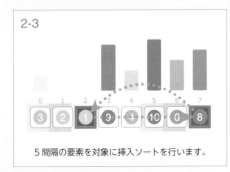

5 間隔の要素を対象に挿入ソートを行います。

2-4

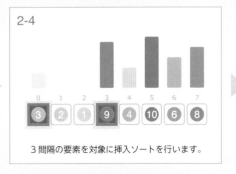

3 間隔の要素を対象に挿入ソートを行います。

2-5

3 間隔の要素を対象に挿入ソートを行います。

2-6

3 間隔の要素を対象に挿入ソートを行います。

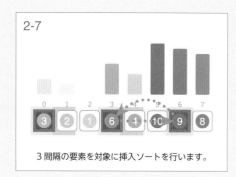

2-7

3 間隔の要素を対象に挿入ソートを行います。

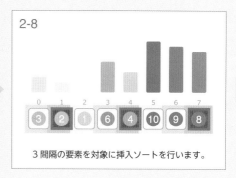

2-8

3 間隔の要素を対象に挿入ソートを行います。

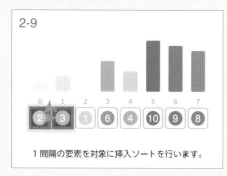

2-9

1 間隔の要素を対象に挿入ソートを行います。

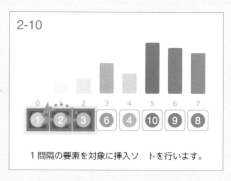

2-10

1 間隔の要素を対象に挿入ソートを行います。

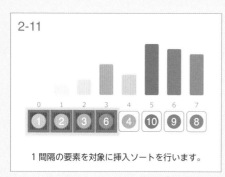

2-11

1 間隔の要素を対象に挿入ソートを行います。

2-12

1 間隔の要素を対象に挿入ソートを行います。

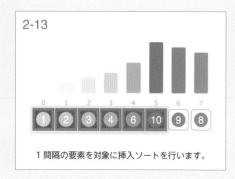

2-13

1 間隔の要素を対象に挿入ソートを行います。

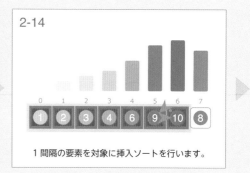

2-14

1 間隔の要素を対象に挿入ソートを行います。

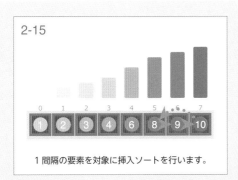

1 間隔の要素を対象に挿入ソートを行います。

出力

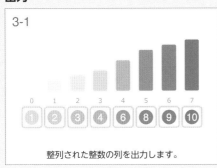

整列された整数の列を出力します。

シェルソートは、間隔 interval $=\{g_1, g_2, ...\}$ だけ離れた要素のみを対象とした挿入ソート insertionSort(A, g_i) を、最初は大きい値から g を狭めながら繰り返します。g が決まると、間隔が g となる要素の部分列はいくつかのグループに分かれますが、各挿入ソートのソート済み部分を拡張しながら、各グループを前方から部分的に整列していきます。

データの昇順を保障するために、最後に g=1、つまり純粋な挿入ソートを行う必要がありますが、この時点でデータはおおよそ整列されているため、ほとんどデータの移動は発生しないことが期待されます。

```
shellSort(A, N):
    interval ← {5, 3, 1}

    for g in interval:
        insertionSort(A, N, g)

# 間隔 g を指定した挿入ソート
insertionSort(A, N, g):
    for i ← g to N-1:
        t ← A[i]
        j ← i - g

        while True:
            if j < 0: break
            if not (j ≥ 0 and A[j] > t): break
            A[j+g] ← A[j]
            j ← j - g

        A[j+g] ← t
```

　シェルソートは、ほぼ整列されたデータに対しては高速に動作するという挿入ソートの特徴を活かした高速な整列アルゴリズムです。最悪の場合の計算量は $O(N^2)$ になりますが、間隔をうまく選ぶことで、平均で $O(N^{1.25})$ のオーダーになることが知られています。

ソートアルゴリズム：比較表

アルゴリズム	計算量		安定性	インプレイス	テクニック	特徴
バブルソート		✕	◯	◯	スワップ	✕ 実用的ではない
選択ソート		✕	✕	◯	スワップ　探索	✕ 実用的ではない
挿入ソート		✕	◯	◯	挿入	◯ 昇順に近いデータに対して高速
マージソート		◯	◯	✕	マージ　後行巡回	◯ 安定でかつ高速 ✕ メモリが必要
クイックソート		◯	✕	◯	パーティション　先行巡回	✕ 基準の選び方で遅くなる ◯ インプレイスで高速
ヒープソート		◯	✕	◯	ヒープ	✕ システムによって実速度が遅くなる可能性がある
シェルソート		△	◯	◯	挿入ソート	✕ 間隔の選び方によって遅くなる
計数ソート		△	◯	✕	累積和	✕ 要素の値に上限がある

21章

基本データ構造 2
(Elementary Data Structure 2)

　これまで獲得した、スタック、キュー、優先度付きキューは、
処理の順番を効率的に制御するためのデータ構造でした。一方、
データの集合に対して追加・検索・削除を行う仕組みも、高度
なアルゴリズムやアプリケーションの実装には欠かせません。

　この章では、動的なデータの集合に対して要素の追加・検索・
削除を行う、基本的なデータ構造を獲得します。

　・連結リスト
　・ハッシュ

21-1 双方向連結リスト ★★★

動的なデータ集合の管理 Management of Dynamic Set

　必要とされるメモリを確保し、不必要なメモリを解放しながら、データの挿入・削除を行う動的なデータ構造は、コンピュータの資源を効率よく使いながらプログラムを実行するためには欠かせません。

要素の挿入、検索、削除を行うデータ構造を実装してください。

データの挿入、検索、削除　　　　　　　　検索に対する回答

操作・問い合わせの数 Q ≤ 100,000

 ### 双方向連結リスト Doubly Linked List

　ここでは、動的な集合を管理する最も基本的な構造である、連結リストでデータの挿入、検索、削除を行うデータ構造を実装します。

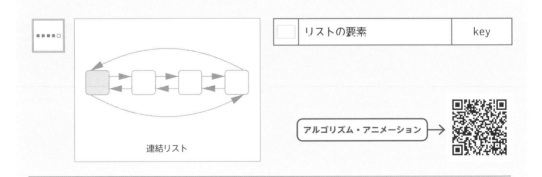

連結リスト

	リストの要素	key

アルゴリズム・アニメーション →

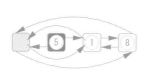

ノードを生成し、
前方と後方のポインタを設定します。

データの挿入と削除	
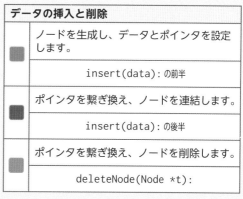	ノードを生成し、データとポインタを設定します。
	insert(data): の前半
	ポインタを繋ぎ換え、ノードを連結します。
	insert(data): の後半
	ポインタを繋ぎ換え、ノードを削除します。
	deleteNode(Node *t):

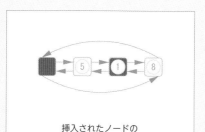

挿入されたノードの
前後のノードのポインタを繋ぎ変えます。

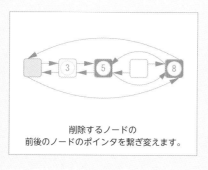

削除するノードの
前後のノードのポインタを繋ぎ変えます。

データの挿入と削除

1-1

ノードを生成して、リストの先頭に配置します。

1-2

前後のポインタを繋ぎ変えて挿入を完了します。

257

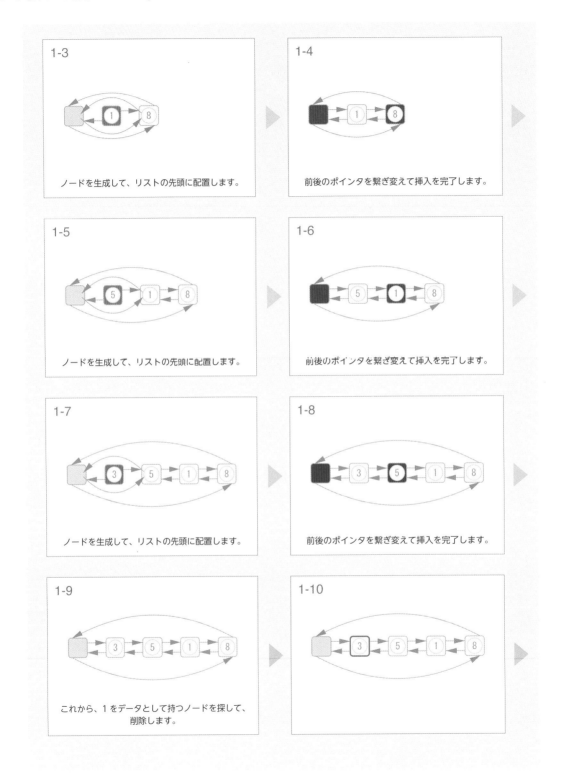

1-3

ノードを生成して、リストの先頭に配置します。

1-4

前後のポインタを繋ぎ変えて挿入を完了します。

1-5

ノードを生成して、リストの先頭に配置します。

1-6

前後のポインタを繋ぎ変えて挿入を完了します。

1-7

ノードを生成して、リストの先頭に配置します。

1-8

前後のポインタを繋ぎ変えて挿入を完了します。

1-9

これから、1 をデータとして持つノードを探して、
削除します。

1-10

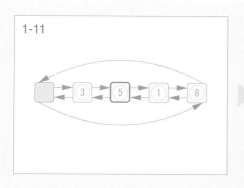

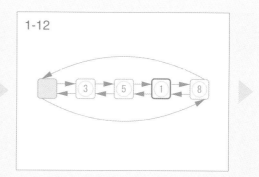

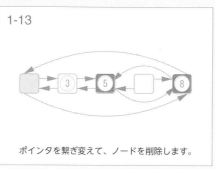

ポインタを繋ぎ変えて、ノードを削除します。

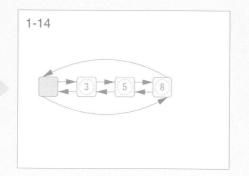

　双方向連結リストは「番兵」と呼ばれる特別なノードを1つ持ちます。ここでは番兵を sentinel とします。sentinel は実際扱うデータには含めませんが、sentinel を起点にノードが繋がっていきます。各ノードは（sentinel を含め）、次のノードへのポインタ next と、前のノードへのポインタ prev を持ちます。この解説では、データの本体として変数 key を持ちます。リストが空の場合、番兵の next と prev はそれぞれ自分自身を指している状態になります（初期状態）。

　データの挿入では、リストの先頭、つまり sentinel の直後に要素を追加します。挿入処理前のリストの先頭を y とすると sentinel と y の間に要素を追加することになります。まず新たなノードを1つ作成し（これを x とします）与えられたデータを設定します。次に、x のポインタを設定します。x の prev が sentinel を指し、x の next が sentinel の next（つまり y）を指すように設定します。次に、sentinel と y のポインタを書き換えます。まず、sentinel の next の prev（つまり y の prev）を x に変更してから、sentinel の next を x に変更します。この繋ぎ変えの順番は重要なので注意が必要です。

　データの削除では、まず探索によって指定された値を持つノードを見つけます。これを t とします。t の前後にあるノードのポインタを更新して t をリストから削除します（たどれなくします）。t の prev の next を、t の next に書き換え、t の next の prev を、t の prev に書き換えます。

259

```
class Node:
    Node *prev
    Node *next
    key

class LinkedList:
    Node *sentinel   # 番兵

    # 空のリストとして初期化
    init():
        sentinel ← ノードを生成
        sentinel.next ← sentinel   # 自分自身を指す
        sentinel.prev ← sentinel   # 自分自身を指す

    # data を挿入
    insert(data):
        # ノードを生成してデータとポインタを設定
        Node *x ← ノードを生成
        x.key ← data # データ本体を設定
        x.next ← sentinel.next
        x.prev ← sentinel
        # 番兵と、元の先頭ノードのポインタを設定
        sentinel.next.prev ← x
        sentinel.next ← x

    # k を持つノードを探す
    listSearch(k):
        Node *cur ← sentinel.next # 番兵の次の要素から辿る
        while cur ≠ sentinel and cur.key ≠ k:
            cur ← cur.next
        return cur

    deleteNode(Node *t):
        if t = sentinel: return # t が番兵の場合は処理しない
        t.prev.next ← t.next
        t.next.prev ← t.prev
        t のメモリを解放

    # k を持つノードを削除する
    deleteKey(k):
        deleteNode(listSearch(k)) # 取得したノードを削除
```

双方向連結リストの先頭へ要素を挿入する操作の計算量は O(1) です。指定された要素を検索するには、先頭からノードをたどる必要があるため、そのオーダーは O(N) です。

　要素の削除のオーダーは O(1) ですが、削除する要素を探索する必要があるため、探索を含めるとオーダーは O(N) となります。

　ここでは、主にリストの先頭にデータを追加するアルゴリズムを解説しましたが、一般的にはリストの末尾にデータを挿入したり、指定した位置に挿入する操作など、その他の様々な操作が実装されます。

特徴

　連結リストは動的な集合を扱う最も基本的なデータ構造です。データの要素へランダムにアクセスする必要がなく、リストをたどるコストが影響しないようなアプリケーションに活用できます。例えば、グラフの各ノードに隣接するノードをリストで保持するために使われます。また、連結リストの実装は、順序を保ちながらデータの追加を行うデータ構造のベースとなります。

21-2 ハッシュ表

★★★

辞書 Dictionary

　キーと値のペアを指定して、データの追加・検索・削除を行うことができる仕組みを辞書、あるいは連想配列と呼びます。キーとは、検索や整列の基準となるもので、辞書においては対応する値にひもづく識別子のようなものです。

　データの検索・追加・削除を行う、辞書の機能を提供するデータ構造を実装してください。ここでは、キーと値をまとめ、データの実態としてキーのみを扱うものとします。

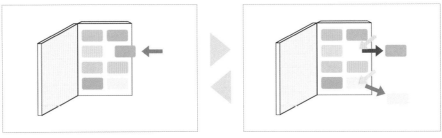

辞書に対する検索・追加・削除操作 　　　　　　問い合わせへの回答

操作・問い合わせの数 Q ≤ 100,000
0 ≤ キー ≤ 1,000,000,000

 ## ハッシュ表 Hash Table

　入力されたデータ（キー）に対応する格納位置を、キーを入力としたハッシュ関数で求めるデータ構造をハッシュ表と言います。ハッシュ表は 1 次元配列構造で実装することができます。ここでは、キーの追加機能を実装します。

| | ハッシュ表の要素 | key |

1 次元配列

アルゴリズム・アニメーション →

キーを挿入する位置を探します。

データを追加します		
	データを追加します。	`insert(k):`
	ハッシュ関数で空き領域を探します。	`pos ← hash(k, i)`
	ハッシュ関数で求めた位置を指します。	`pos`
	要素を書き込みます。	`key[pos] ← k`
	衝突が起こった箇所を表します。	pos の値の軌跡

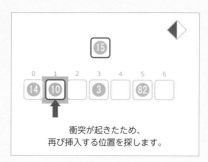

衝突が起きたため、
再び挿入する位置を探します。

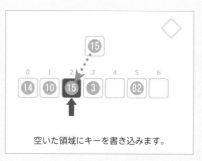

空いた領域にキーを書き込みます。

データの追加

1-1

すでにいくつかのキーが入っている表に、
キーを追加していきます。

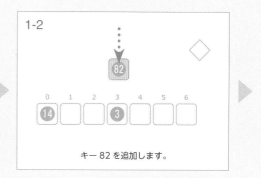

1-2

キー 82 を追加します。

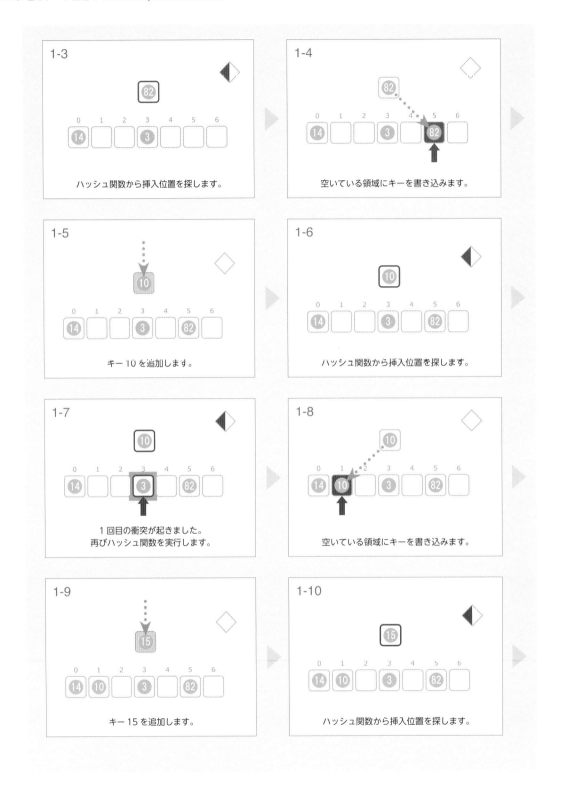

1-3

ハッシュ関数から挿入位置を探します。

1-4

空いている領域にキーを書き込みます。

1-5

キー 10 を追加します。

1-6

ハッシュ関数から挿入位置を探します。

1-7

1 回目の衝突が起きました。
再びハッシュ関数を実行します。

1-8

空いている領域にキーを書き込みます。

1-9

キー 15 を追加します。

1-10

ハッシュ関数から挿入位置を探します。

1-11

1回目の衝突が起きました。
再びハッシュ関数を実行します。

1-12

2回目の衝突が起きました。
再びハッシュ関数を実行します。

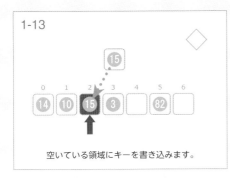

1-13

空いている領域にキーを書き込みます。

1-14

キー2を追加します。

1-15

ハッシュ関数から挿入位置を探します。

1-16

1回目の衝突が起きました。
再びハッシュ関数を実行します。

1-17

2回目の衝突が起きました。
再びハッシュ関数を実行します。

1-18

3回目の衝突が起きました。
再びハッシュ関数を実行します。

1-19

空いている領域にキーを書き込みます。

　ハッシュ表のデータ構造は、サイズが N のハッシュ表本体と、要素となるキーの格納場所を決めるハッシュ関数から構成されています。基本的には、ハッシュ関数は受け取ったキーに基づく式で場所を決定しますが、異なるキーでも同じ場所を算出してしまう場合があります。書き込もうとした場所に先客がいる状態になり、これを衝突と呼びます。衝突が起きても、空いている領域にキーを挿入する方法としてオープンアドレス法が知られています。ここでは、オープンアドレス法に基づき、2 つのサブ関数を用いる実装を行います。

　オープンアドレス方では、ハッシュ関数がキーと衝突回数を受け取り、格納場所を決めます。つまり、衝突が起こる度に、ハッシュ関数で空いている領域を探していきます。ハッシュ関数に用いる数式は様々ですが、ここでは以下のように実装します。

$$hash(k,i) = (h_1(k) + i \times h_2(k)) \bmod N$$

　N で割った余りをとっているのは、計算結果が必ず表のサイズに収まるようにするためです。$h_1(k)$ と $h_2(k)$ はハッシュ関数のサブ関数です。i は衝突の回数を表し、最初に $hash(k,0)$、つまり $h_1(k)$ で始点を決定し、衝突が起きる度に $hash(k,1),hash(k,2),...$ のように空き領域を探していきます。つまり $h_2(k)$ は次に調べる位置までの移動距離を表します。N で割った余りをとるので、配列のサイズを超えることはなく、探索は循環します。ここで、探索でたどり着けない位置が発生しないよう（同じ位置に戻らないよう）、$h_2(k)$ と表のサイズ N は互いに素でなければいけないことに注意してください。ここでは、N を素数とし $h_2(k)$ をそれよりも小さい数に設定しています。

```
class HashTable:
    N     # ハッシュ表のサイズ
    key   # サイズ N の表

    h1(k):
        return k mod N      # key を N で割った余り

    h2(k):
        return 1 + (k mod (N-1))

    # ハッシュ関数
    hash(k, i):
        return (h1(k) + i*h2(k)) mod N

    # キー k を挿入する
    insert(k):
        i ← 0 # 衝突回数
        while True:
            pos ← hash(k, i)
            if key[pos] が空いている :
                key[pos] ← k
                return pos # 場所を返して終了
            else:
                i++           # 空いていない場合は衝突回数を加算して再試行
```

　ハッシュ表は衝突を無視することができれば、データの追加・検索・削除を O(1) で達成することができますが、実際の計算コストは、ハッシュ関数の中で用いられる式やパラメタに依存します。ここでは、最も基本的な式を用いましたが、ハッシュ関数を工夫することで効率的なデータ構造あるいは探索アルゴリズムを実装することができます。

　ここでは、データの追加のみ解説を行いましたが、データの検索と削除を行う関数も、共通のハッシュ関数を用いたうえで、ほとんど同じように実装することができます。

特徴
　辞書は、直観的かつ効率的に要素を管理できることから、プログラミングには欠かせないデータ構造となっています。ハッシュは辞書を実装するための強力なデータ構造あるいはアルゴリズムです。一方、ハッシュによる辞書では、辞書の中のキーの順序を保てないため、その操作の種類には限りがあります。また、データが疎であっても、大きな表を作るため、メモリ管理の工夫も必要になってきます。

22章

幅優先探索
(Breadth First Search)

　グラフのノードを体系的に訪問することで、そのグラフに関する様々な性質や特徴を知ることができます。

　この章では、グラフのノードを幅広く訪問していく幅優先探索 (BFS: Breadth First Search) に基づくアルゴリズムを獲得します。

- 幅優先探索
- BFS による距離の計算
- Kahn のアルゴリズム

22-1 幅優先探索 ★★

グラフの接続性 Connectivity of Graph

　グラフにおける最も基本的な操作は、ある始点から可能なエッジをたどっていき、ノードの接続性を調べることです。

　適当な始点から出発し、グラフの全てのノードを体系的に訪問してください。

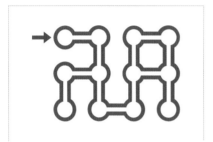 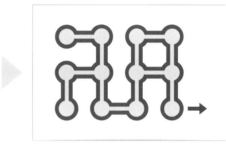

無向グラフ
ノードの数 N ≤ 1,000
エッジの数 M ≤ 1,000

各ノードの訪問状態

 幅優先探索 Breadth First Search

　幅優先探索は、グラフのノードを体系的に訪問するアルゴリズムで、探索途中のノードをキューで管理します。

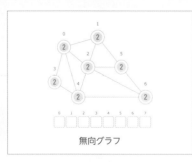

無向グラフ

	ノードの訪問状態	color

アルゴリズム・アニメーション →

キューから取り出したノードの
訪問を完了します。

始点の決定		
■	始点をキューに挿入します。	que.enqueue(s)
探索		
●	隣接するノードを訪問します。	color[v] ← GRAY
■	訪問したノードをキューに挿入します。	que.enqueue(v)
●	キューから取り出したノードの訪問を完了します。	color[u] ← BLACK
	訪問済みのノードのグループを拡張していきます。	color が GRAY のノード
	完了済みのノードのクループを拡張していきます。	color が BLACK のノード

隣接するノードを訪問し、
キューに挿入します。

始点の決定

始点をキューに挿入します。

探索

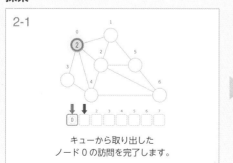

キューから取り出した
ノード 0 の訪問を完了します。

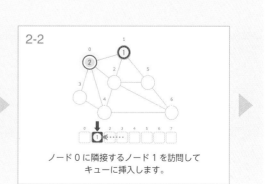

ノード 0 に隣接するノード 1 を訪問して
キューに挿入します。

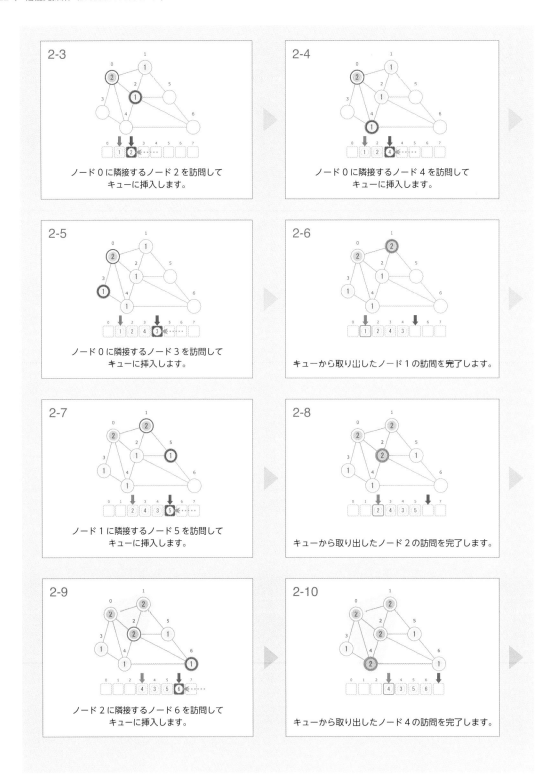

2-3　ノード 0 に隣接するノード 2 を訪問して
キューに挿入します。

2-4　ノード 0 に隣接するノード 4 を訪問して
キューに挿入します。

2-5　ノード 0 に隣接するノード 3 を訪問して
キューに挿入します。

2-6　キューから取り出したノード 1 の訪問を完了します。

2-7　ノード 1 に隣接するノード 5 を訪問して
キューに挿入します。

2-8　キューから取り出したノード 2 の訪問を完了します。

2-9　ノード 2 に隣接するノード 6 を訪問して
キューに挿入します。

2-10　キューから取り出したノード 4 の訪問を完了します。

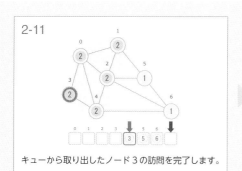

2-11

キューから取り出したノード3の訪問を完了します。

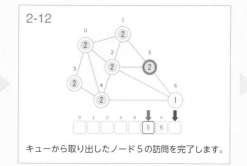

2-12

キューから取り出したノード5の訪問を完了します。

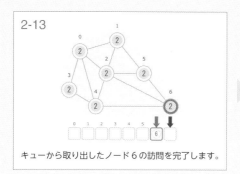

2-13

キューから取り出したノード6の訪問を完了します。

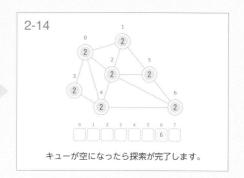

2-14

キューが空になったら探索が完了します。

　幅優先探索は、キューを応用して始点から近い順にノードを訪問します。ノードの訪問状態を色 (color) で表します。白 (WHITE:0) が未訪問、灰 (GRAY:1) が訪問済み、黒 (BLACK:2) が訪問完了済みを表します。

　最初、始点のノードをキューに入れておきます。続いて、キューが空になるまで、キューから取り出したノードの訪問を完了していきます。訪問が完了したノードに隣接しかつ未訪問のノードを訪問してキューに入れていきます。

```
# グラフgと始点ノードs
breadthFirstSearch(g, s):
    Queue que

    for i ← 0 to g.N-1:
        color[i] ← WHITE

    color[s] ← GRAY
    que.enqueue(s)

    while not que.empty():
        u ← que.dequeue()
        color[u] ← BLACK
        for v in g.adjLists[u]:
            if color[v] = WHITE:
                color[v] ← GRAY
                que.enqueue(v)
```

　キューにデータを挿入する enqueue 操作は O(1)、データを取り出す dequeue 操作も O(1)
です。キューを用いた幅優先探索では、各ノードから隣接するノードを走査する過程で全ての
エッジが走査されます。また、各ノードに対するアクションは、訪問と完了です。隣接するノー
ドの走査をリストで行う隣接リストのグラフを用いた幅優先探索の計算量は O(N + M) となりま
す。一方、隣接行列の場合は、各ノードの隣接ノードの走査に O(N) の計算量が必要なため、オー
ダーは $O(N^2)$ になります

特徴
　幅優先探索では、始点からの距離が同じノードを含む層が順番に訪問済み・完了済
みになります。始点からの距離が近い順番にノードが訪問されるため、距離に関する
問題に応用することができます。

BFS による距離の計算

最短距離 Shortest Distance

グラフの最も興味深い性質のひとつがノード間の距離です。重みのないグラフでは、あるノードから別のノードまで到達するために最低限必要なエッジの数は、そのグラフの重要な特徴になります。

各ノードについて、始点からの最短距離を求めてください。ここで、距離はエッジをたどる回数とします。

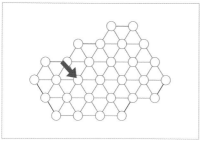

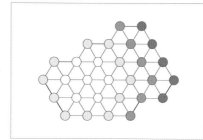

グラフと始点
ノードの数 N ≤ 100,000
エッジの数 M ≤ 100,000

始点から各ノードへの最短距離

BFS による距離の計算 Breadth First Search: Distance

幅優先探索では、すでに距離が確定したノードの情報を利用して、始点からのノードの距離を効率的に求めることができます。

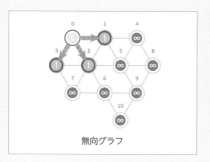

無向グラフ

| | 始点からの最短距離 | dist |

アルゴリズム・アニメーション →

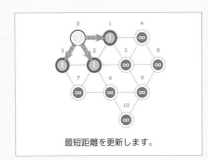

最短距離を更新します。

始点の初期化		
●	始点の最短距離を 0 に 初期化します。	dist[s] ← 0
幅優先探索		
●	最短距離を更新します。 dist[v] ← dist[u] + 1	

始点の初期化

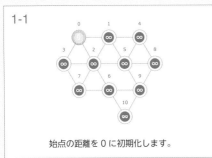

1-1

始点の距離を 0 に初期化します。

幅優先探索

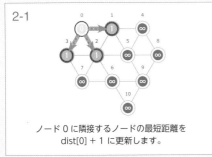

2-1

ノード 0 に隣接するノードの最短距離を
dist[0] + 1 に更新します。

2-2

ノード 1 に隣接するノードの最短距離を
dist[1] + 1 に更新します。

2-3

ノード 2 に隣接するノードの最短距離を
dist[2] + 1 に更新します。

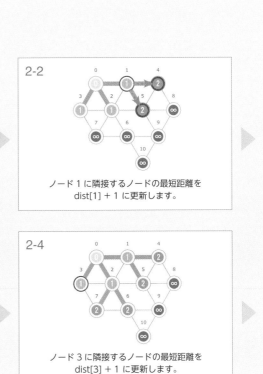

2-4

ノード 3 に隣接するノードの最短距離を
dist[3] + 1 に更新します。

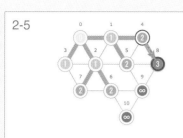

2-5

ノード 4 に隣接するノードの最短距離を dist[4] + 1 に更新します。

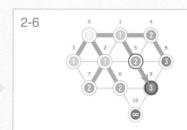

2-6

ノード 5 に隣接するノードの最短距離を dist[5] + 1 に更新します。

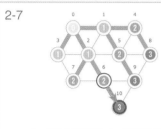

2-7

ノード 6 に隣接するノードの最短距離を dist[6] + 1 に更新します。

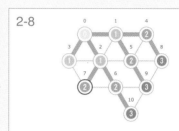

2-8

ノード 7 に隣接するノードの最短距離を dist[7] + 1 に更新します。

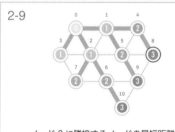

2-9

ノード 8 に隣接するノードの最短距離を dist[8] + 1 に更新します。

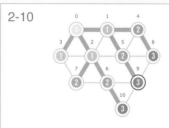

2-10

ノード 9 に隣接するノードの最短距離を dist[9] + 1 に更新します。

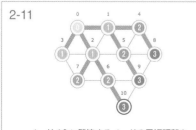

2-11

ノード 10 に隣接するノードの最短距離を dist[10] + 1 に更新します。

　幅優先探索では、始点のノードを含む層を層0として、始点から距離1のノードを含む層を層1、…とすると、層k+1を訪問する前に層kにある全てのノードが訪問済みになります。幅優先探索では、始点に近い順序でキューからノードが取り出されますが、キューから取り出されたノードuに隣接しかつ未訪問のノードvの距離は、始点からuまでの距離にこのuとvを直接つなぐエッジの分の距離1を加算することで求まります。

```
# グラフgと始点ノードs
breadthFirstSearch(g, s):
    Queue que

    for i ← 0 to g.N-1:
        dist[i] ← INF

    que.enqueue(s)
    dist[s] ← 0

    while not que.empty():
        u ← que.dequeue()
        for v in g.adjLists[u]:
            if dist[v] = INF:
                dist[v] ← dist[u] + 1
                que.enqueue(v)
```

　グラフを隣接リストで表現すれば、距離を求める幅優先探索のオーダーは O(N + M) となります。

特徴　グラフにおける最短距離問題は、最も多くのアプリケーションを持つ問題です。幅優先探索は、ノードの数とエッジの数に線形な効率のよいアルゴリズムのため、広く応用されています。また、エッジに重みがある場合は、そのままでは適用できませんが、キューを優先度付きキューに置き換え、重みを考慮した距離を計算することで、エッジに重みがある最短経路を解決するためのアルゴリズムに拡張することができます。このアルゴリズムは26章で詳しく解説します。

22-3 Kahn のアルゴリズム

★★★ ★ ★ ★

トポロジカルソート Topological Sort

依存関係のある複数のタスクを処理する場合は、前提タスクが全て終了してから当該タスクが実行されるように、タスクを処理する順番を決めなければなりません。

タスクと依存関係を表す有向グラフから、タスクを処理する順番を求めてください。あるタスクを処理するとき、それが依存する全てのタスクが終了している必要があります。有向グラフのエッジ (u, v) は、v が u に依存していることを示します。

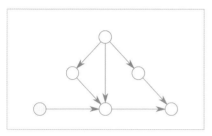

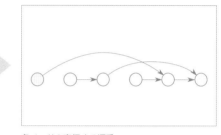

有向グラフ
ノードの数 N ≤ 100,000
エッジの数 M ≤ 100,000

各ノードの実行する順番

Kahn のアルゴリズム Kahn's Algorithm

有向グラフのノードを、どのノードもそれから出ているエッジの先のノードよりも前に位置するように並べる操作を、トポロジカルソートと言います。幅優先探索に基づく Kahn のアルゴリズムは入次数が 0 のノードをキューで管理することで、有向グラフに対してトポロジカルソートを行います。

有向グラフ

	ノードの入次数	deg
	ソート済みの順番	order

アルゴリズム・アニメーション →

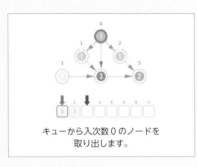

キューから入次数 0 のノードを
取り出します。

隣接するノードの入次数を減らし、
0 になったらキューに挿入します。

入次数の初期化		
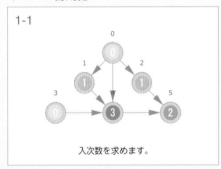 入次数を求めます。		
ソート		
入次数が 0 のノードをキューから取り出し、順番を確定します。		
	u ← que.dequeue()	
隣接するノードの入次数を 1 減らします。	deg[v]--	
入次数が 0 のノードをキューに挿入します。	que.enqueue(v)	
順番が確定しているノードのグループを拡張していきます。	order が決定しているノード	
順番の出力		
順番を出力します。		

キューの初期化

1-1

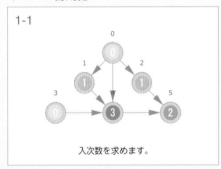

入次数を求めます。

ソート

2-1

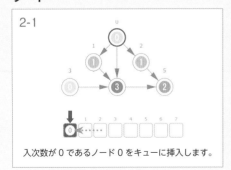

入次数が 0 であるノード 0 をキューに挿入します。

2-2

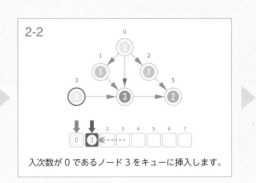

入次数が 0 であるノード 3 をキューに挿入します。

2-3

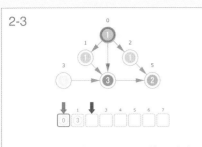

キューから取り出したノード 0 を訪問します。

2-4

ノード 0 に隣接するノード 1 の入次数を 1 減らします。入次数が 0 になったのでキューに挿入します。

2-5

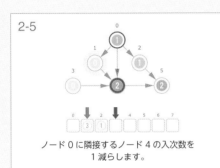

ノード 0 に隣接するノード 4 の入次数を
1 減らします。

2-6

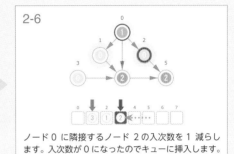

ノード 0 に隣接するノード 2 の入次数を 1 減らします。入次数が 0 になったのでキューに挿入します。

2-7

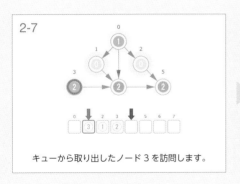

キューから取り出したノード 3 を訪問します。

2-8

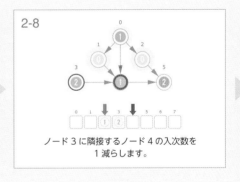

ノード 3 に隣接するノード 4 の入次数を
1 減らします。

2-9

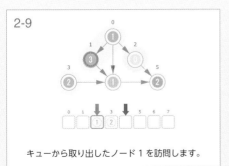

キューから取り出したノード 1 を訪問します。

2-10

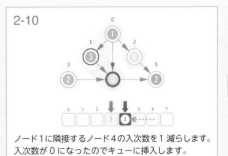

ノード 1 に隣接するノード 4 の入次数を 1 減らします。
入次数が 0 になったのでキューに挿入します。

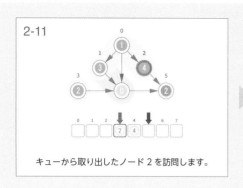

2-11

キューから取り出したノード 2 を訪問します。

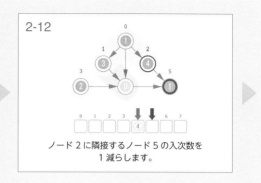

2-12

ノード 2 に隣接するノード 5 の入次数を
1 減らします。

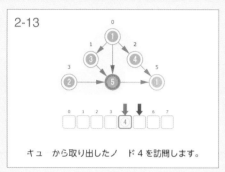

2-13

キューから取り出したノード 4 を訪問します。

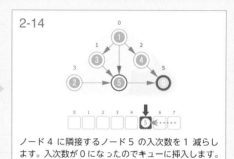

2-14

ノード 4 に隣接するノード 5 の入次数を 1 減らします。入次数が 0 になったのでキューに挿入します。

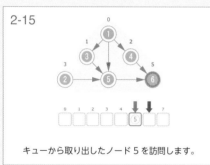

2-15

キューから取り出したノード 5 を訪問します。

順番の出力

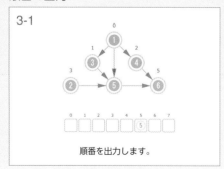

3-1

順番を出力します。

与えられたグラフにおいて、あるノードの入次数が0であれば、そのタスクを始める前提タスクがないことを示します。従って、その時点で入次数が0のノード（タスク）を実行することができます。ノードu（タスク）の実行が終了すれば、それに直接依存するノードvについて、それぞれの必要とするタスクが1つ減るので、入次数を1つ減らすことができます。

各ノードの入次数を保持しておきながら、幅優先探索によって、タスク実行のシミュレーションを行います。入次数が0のノード、つまり依存するタスクがないノードをキューに追加していきます。キューから取り出した実行可能なタスクを実行し、それに直接依存するノードの入次数を減らしていきます。この過程で、入次数が0になったノードをキューに追加していき、キューが空になるまでシミュレーションを行います。

```
# グラフ g に対するトポロジカルソート
topologicalSort(g):
    Queue que

    # 入次数を計算
    for u ← 0 to g.N - 1:
        for v in g.adjLists[u]:
            deg[v]++

    for v ← 0 to g.N - 1:
        if deg[v] = 0:
            que.enqueue(v)

    t ← 1
    while not que.empty():
        u ← que.dequeue()
        order[u] ← t++
        for v in g.adjLists[u]:
            deg[v]--
            if deg[v] = 0:
                q.enqueue(v)
```

隣接リストを用いた幅優先探索を行えばトポロジカルソートのオーダーは O(N + M) となります。

特徴　　トポロジカルソートは、依存関係を持った処理を適切な順番に並べることができるため、ジョブのスケジューリングなど広く応用されています。例えば、依存関係がある複数のプログラムのコンパイル順序を決定するアルゴリズムとして応用することができます。

23章

深さ優先探索
(Depth First Search)

　BFS は、キューを応用し幅広く探索することで、距離に関する特徴を得ることができました。一方、キューに替えてスタックや再帰を応用することで、グラフに関するさらに興味深い性質を知ることができます。

　この章では、グラフのノードをひたすら深く訪問していく、深さ優先探索 (DFS: Depth First Search) に基づくアルゴリズムを獲得します。

- ・深さ優先探索
- ・DFS による閉路検知
- ・DFS による連結成分分解
- ・Tarjan のアルゴリズム

23-1 深さ優先探索 ★★

グラフの接続性 Connectivity of Graph

　グラフにおける最も基本的な操作は、ある始点から可能なエッジをたどっていき、ノードの接続性を調べることです。

適当な始点から出発し、グラフの全てのノードを体系的に訪問してください。

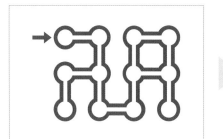 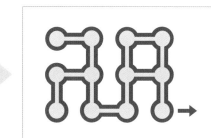

無向グラフ
ノードの数 N ≤ 1,000
エッジの数 M ≤ 1,000

各ノードの訪問状態

 深さ優先探索 Depth First Search

　深さ優先探索はグラフのノードを体系的に訪問するアルゴリズムで、探索途中のノードをスタックで管理します。

 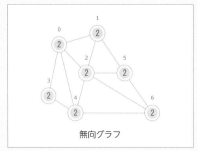

無向グラフ

■ ノードの訪問状態	color

アルゴリズム・アニメーション →

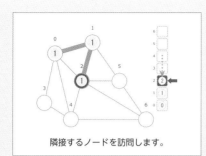

隣接するノードを訪問します。

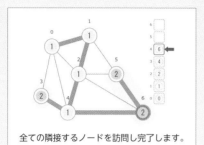

全ての隣接するノードを訪問し完了します。

始点の決定		
■	始点をスタックに積みます。	`st.push(s)`
探索		
●	ノードを訪問します。	`color[v] ← GRAY`
■	ノードをスタックに積みます。	`st.push(v)`
●	ノードの訪問を完了します。	`color[u] ← BLACK`
	訪問したノードのグループを拡張していきます。	color が GRAY のノード
	訪問が完了したノードのグループを拡張していきます。	color が BLACK のノード

始点の決定

1-1

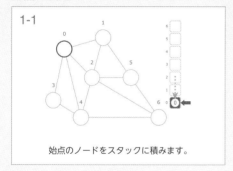

始点のノードをスタックに積みます。

探索

2-1

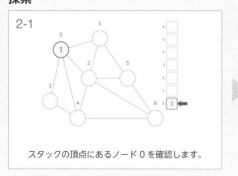

スタックの頂点にあるノード 0 を確認します。

2-2

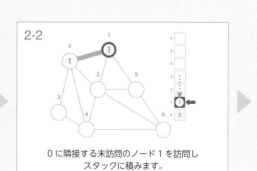

0 に隣接する未訪問のノード 1 を訪問し
スタックに積みます。

2-3 スタックの頂点にあるノード 1 を確認します。

2-4 1 に隣接する未訪問のノード 2 を訪問し
スタックに積みます。

2-5 スタックの頂点にあるノード 2 を確認します。

2-6 2 に隣接する未訪問のノード 4 を訪問し
スタックに積みます。

2-7 スタックの頂点にあるノード 4 を確認します。

2-8 4 に隣接する未訪問のノード 3 を訪問し
スタックに積みます。

2-9 スタックの頂点にあるノード 3 を確認します。

2-10 3 に隣接するノードを訪問しつくしたので
スタックから削除します。

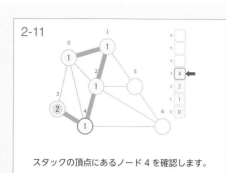

2-11

スタックの頂点にあるノード 4 を確認します。

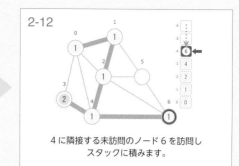

2-12

4 に隣接する未訪問のノード 6 を訪問し
スタックに積みます。

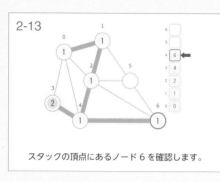

2-13

スタックの頂点にあるノード 6 を確認します。

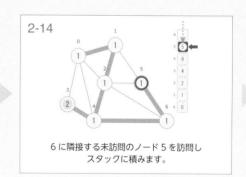

2-14

6 に隣接する未訪問のノード 5 を訪問し
スタックに積みます。

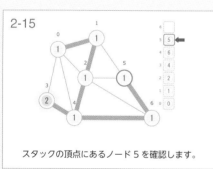

2-15

スタックの頂点にあるノード 5 を確認します。

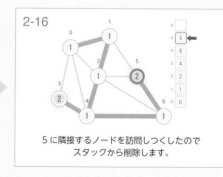

2-16

5 に隣接するノードを訪問しつくしたので
スタックから削除します。

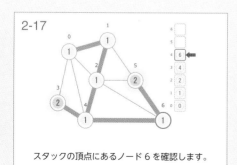

2-17

スタックの頂点にあるノード 6 を確認します。

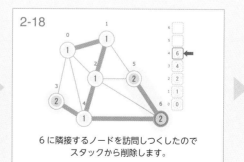

2-18

6 に隣接するノードを訪問しつくしたので
スタックから削除します。

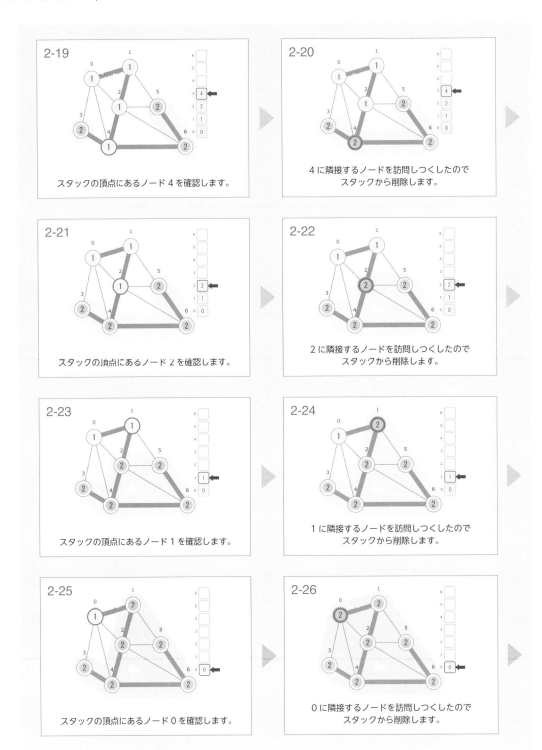

2-19　スタックの頂点にあるノード 4 を確認します。

2-20　4 に隣接するノードを訪問しつくしたので
スタックから削除します。

2-21　スタックの頂点にあるノード 2 を確認します。

2-22　2 に隣接するノードを訪問しつくしたので
スタックから削除します。

2-23　スタックの頂点にあるノード 1 を確認します。

2-24　1 に隣接するノードを訪問しつくしたので
スタックから削除します。

2-25　スタックの頂点にあるノード 0 を確認します。

2-26　0 に隣接するノードを訪問しつくしたので
スタックから削除します。

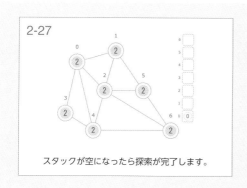

2-27

スタックが空になったら探索が完了します。

　深さ優先探索は、始点のノードから訪問し、まだ訪問していないノードへのエッジが存在すれば、そのノードを訪問し、同様の方法で探索を繰り返します。この方法では、いずれあるノードでそこから訪問できるノードがなくなります。そのような時は、前のノードに戻り、隣接するノードを走査する処理に戻ります（これをバックトラックと言います）。そのために、これまで訪問してきた、まだエッジを調べつくしていないかもしれないノードのリストを記憶しておく必要があります。この処理は、隣接するノードを訪問する前に、現在のノードの番号をスタックに退避しておくことで実現します。スタックからノードの番号を取り出すことで、そのノードに戻ることができます。

```
# グラフ g と始点ノード s
depthFristSearch(g, s):
    Stack st
    st.push(s)

    for i ← 0 to g.N-1:
        color[i] ← WHITE

    color[s] ← GRAY

    while not st.empty():
        u ← st.peak()  # スタックの頂点を見る
        v ← g.next(u)        # ノード u に隣接するノード v を順番に取り出す
        if v ≠ NIL:      # 隣接するノードがある
            if color[v] = WHITE:
                color[v] ← GRAY
                st.push(v)
        else:                    # 隣接するノードを調べつくした
            color[u] ← BLACK
            st.pop()
```

　スタックにデータを挿入する push 操作は O(1)、データを取り出す pop 操作も O(1) です。スタックを用いた深さ優先探索では、各ノードから隣接するノードを走査する過程で全てのエッジが走査されます。また、各ノードに対するアクションは、訪問と完了です。幅優先探索と同様に、隣接リストによるグラフに対する深さ優先探索の計算量は O(N + M) となります。一方、隣接行列の場合は、各ノードの隣接ノードの走査に O(N) の計算が必要なため、オーダーは O(N^2) になります。

　深さ優先探索は、ノードを訪問する処理を再帰関数で実装することができます。実際は、訪問中のノードをスタックに積む方法と同じ動作になります。この方法は次のトピックで実装します。

　特徴　深さ優先探索は、グラフのノードの接続性からグラフの様々な性質を検出することができます。例えば、連結成分や閉路などを高速に検出することができます。

DFS による連結成分分解

★★
★★
★

連結成分分解 Connected Components

　無向グラフにおいて、任意の 2 つのノードの間にパスがあるかどうかを示す接続性は、グラフのアプリケーションの中でも最も興味深い性質のひとつです。

　グラフを連携成分に分解して、連結成分内のノードに同じ色を塗ってください。ただし、それぞれの連結成分のノードの色は異なるものとします。

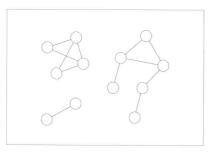
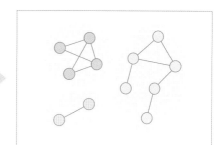

連結とは限らないグラフ
ノードの数 $N \le 100{,}000$
エッジの数 $M \le 100{,}000$

ノードに色が塗られた連結成分

 DFS による連結成分分解 Depth First Search: Repeat

　連結成分ごとに深さ優先探索を行います。

無向グラフ

連結成分の色	color
パレットの色	palette

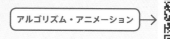 アルゴリズム・アニメーション →

293

色を更新します。

深さ優先探索		
■	色を更新します。	palette ← 新しい色
●	ノードを訪問して色をつけます。	color[u] ← palette
▨	訪問したノードのグループを拡張していきます。	color が WHITE ではないノード

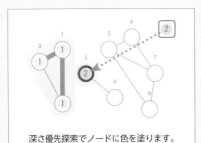

深さ優先探索でノードに色を塗ります。

深さ優先探索

1-1

パレットの色を更新します。

1-2

ノード 0 をパレットの色で塗ります。

1-3

ノード 1 をパレットの色で塗ります。

1-4

ノード 2 をパレットの色で塗ります。

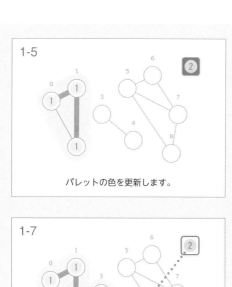
1-5

パレットの色を更新します。

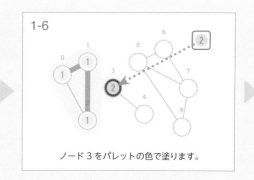
1-6

ノード 3 をパレットの色で塗ります。

1-7

ノード 4 をパレットの色で塗ります。

1-8

パレットの色を更新します。

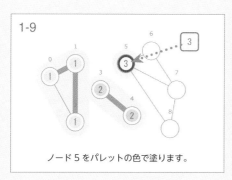
1-9

ノード 5 をパレットの色で塗ります。

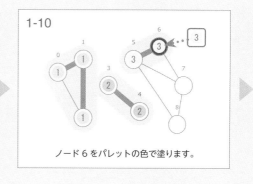
1-10

ノード 6 をパレットの色で塗ります。

1-11

ノード 7 をパレットの色で塗ります。

1-12

ノード 8 をパレットの色で塗ります。

このアルゴリズムでは、各ノードの色を調べるループの中に、深さ優先探索の起点を含めます。各ノードを対象に、それに色がついているか（訪問済みか）をチェックし、色が付いていなければ、そのノードを起点として深さ優先探索を行います。つまり、新しい連結成分をみつけたらパレットの色を更新し、その連結成分をパレットの色で塗りつぶして（訪問して）いきます。

```
Graph g ← グラフを生成
palette ← WHITE

# 連結とは限らないグラフ g に対して深さ優先探索を行う
depthFirstSearch():
    for v ← 0 to g.N-1:
        color[v] ← WHITE

    for v ← 0 to g.N-1:
        if color[v] = WHITE:
            palette ← 新しい色    # 色の源を更新
            dfs(v)

# 再帰による深さ優先探索
dfs(u):
    color[u] ← palette
    for v in g.adjLists[u]:
        if color[v] = WHITE:
            dfs(v)
```

疑似コードでは、再帰関数によって深さ優先探索を実装しています。再帰関数 dfs(u) は u を訪問する操作ですが、u に隣接するノード v を起点として再び dfs を呼び出しています。このとき、v の色をチェックし、再帰関数を実行するかどうかを判断しています。

この深さ優先探索を繰り返すアルゴリズムが終了すると、同じ連結成分内のノードは同じ色でぬられていることから、色を見ることで、2つのノードが同じ成分内にあるかどうかを O(1) で判定することができます。

連結成分分解は、幅優先探索でも同様に効率よく求めることができます。ここでは、グラフのサイズが大きいため、隣接リストを用いた実装を行う必要があります。隣接リストを用いれば、深さ優先探索（または幅優先探索）のオーダーは O(N + M) となります。

　任意の2つのノードの接続性が必要なアプリケーションは数多くあります。グラフを人間関係と考えれば、ある人とある人がコンタクトをとれるか、グラフをコンピュータのネットワークとすれば、2つのコンピュータが通信できるか、など様々なアプリケーションが考えられます。また、塗りつぶしから想像できるように、二次元配列構造やピクセルの領域を訪問する（塗りつぶす）アルゴリズムとしても使われます。今回の問題では、グラフを構築した後は、その形状が変型しないため、1度の深さ優先探索で接続性の質問に答えることができますが、接続性が動的に変わる場合は、別なデータ構造が必要になります（24章のUnion-Find木で解決することができます）。

23-3 DFS による閉路検知

★ ★ ★ ★ ★

閉路検知 Cycle Ditection

　有向グラフにおいて、エッジをたどってノードを訪問している際、一度訪れたノードに再び戻ってくるような閉路が存在する場合があります。閉路の有無は、有向グラフの重要な特徴のひとつです。

有向グラフに閉路があるかどうかチェックしてください。

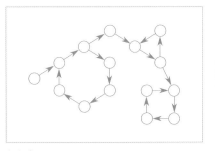

有向グラフ
ノードの数 N ≤ 100,000
エッジの数 M ≤ 100,000

閉路の有無

DFS による閉路検知 DFS for Cycle Detection

　深さ優先探索のノードの探索状況をチェックすることで、閉路を形成するバックエッジを検出することができます。

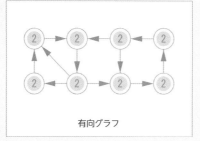

有向グラフ

	ノードの訪問状態	color

アルゴリズム・アニメーション →

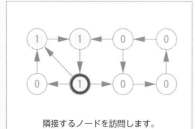

隣接するノードを訪問します。

深さ優先探索

●	ノードを訪問します。	color[u] ← GRAY
●	ノードの訪問を完了します。	color[u] ← BLACK
●	バックエッジを検出します。	
━	バックエッジを表します。	
	訪問したノードのグループを拡張していきます。	color が GRAY のノード
	訪問が完了したノードのグループを拡張していきます。	color が BLACK のノード

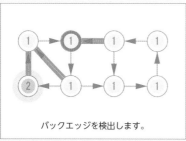

バックエッジを検出します。

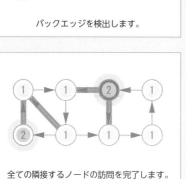

全ての隣接するノードの訪問を完了します。

深さ優先探索

1-1

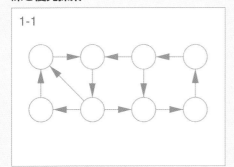

1-2

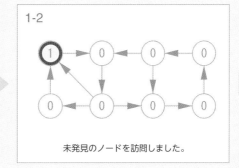

未発見のノードを訪問しました。

1-3

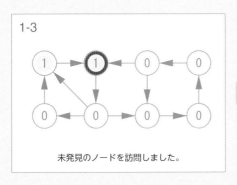

未発見のノードを訪問しました。

1-4

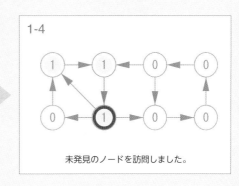

未発見のノードを訪問しました。

1-5

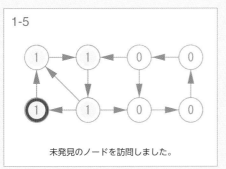

未発見のノードを訪問しました。

1-6

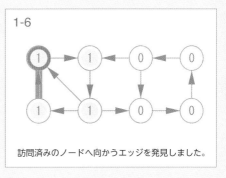

訪問済みのノードへ向かうエッジを発見しました。

1-7

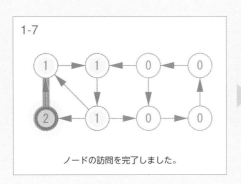

ノードの訪問を完了しました。

1-8

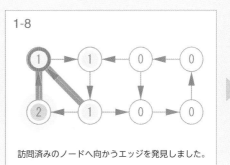

訪問済みのノードへ向かうエッジを発見しました。

-
3

DFSによる閉路検知

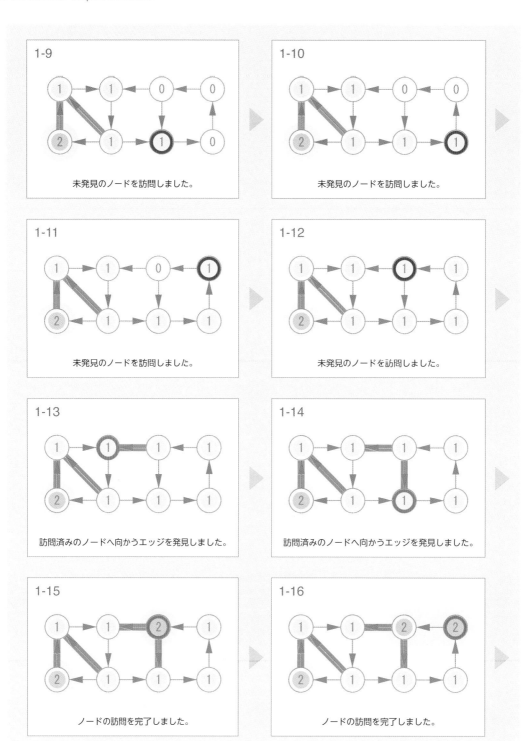

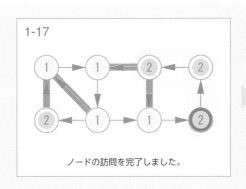

1-17

ノードの訪問を完了しました。

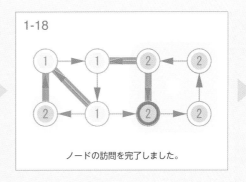

1-18

ノードの訪問を完了しました。

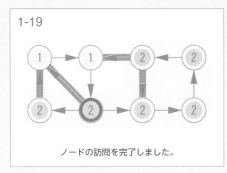

1-19

ノードの訪問を完了しました。

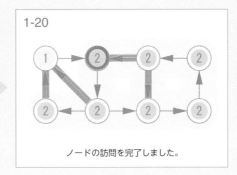

1-20

ノードの訪問を完了しました。

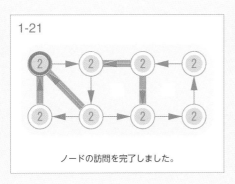

1-21

ノードの訪問を完了しました。

　深さ優先探索において、ノードの訪問状態は、未訪問、訪問済み、完了済みのいずれかです。探索中に訪問済みのノードへたどり着くエッジをバックエッジと呼び、バックエッジは閉路の一部になります。訪問したノードから、隣接する未訪問のノードを探す過程で、対象となるノードの訪問状態を確認してバックエッジを検出します。

```
Graph g ← グラフの生成

depthFirstSearch():
    for v ← 0 to g.N-1:
        color[v] ← WHITE

    for v ← 0 to g.N-1:
        if color[v] = WHITE:
            dfs(v)

dfs(u):
    color[u] ← GRAY

    for v in g.anjLists[u]:
        if color[v] = WHITE:
            dfs(v)
        else:
            エッジ (u, v) はバッグエッジ    # 検出

    color[u] ← BLACK
```

　バックエッジを調べる処理を考えても、隣接リストによる実装では深さ優先探索の中で各エッジが 1 度だけ走査されるので、オーダーは O(N + M) となります。

> **特徴**　身近な応用例としては、ネットワークシステムのループ検出などが挙げられます。バックエッジをはじめとした探索中のエッジの状態は、グラフのより興味深い性質を見つけるための重要な情報になります。特に深さ優先探索は、エッジの状態を考慮したアルゴリズムが多く、グラフの橋（そのエッジを削除してしまうとグラフが連結でなくなるエッジ）や強連結成分（有向グラフで、任意の 2 点が行き来できる連結成分）分解など、様々な問題解決に応用されます。

23-4 Tarjan のアルゴリズム

★★★
★
★

トポロジカルソート Topological Sort

　依存関係のある複数のタスクを処理する場合は、前提タスクが全て終了してから当該タスク
が実行されるように、タスクを処理する順番を決めなければなりません。

　タスクと依存関係を表す有向グラフから、タスクを処理する順番を求めてください。あるタ
スクを処理するとき、それが依存する全てのタスクが終了している必要があります。有向グ
ラフのエッジ (u, v) は、v が u に依存していることを示します。

有向グラフ
ノードの数 N ≤ 100,000
エッジの数 M ≤ 100,000

各ノードの実行する順番

Tarjan のアルゴリズム Tarjan's Algorithm

　深さ優先探索の訪問完了順でトポロジカルソートを行い、順番が確定したノードを連結リス
トに追加していきます。このアルゴリズムを Tarjan のアルゴリズムと呼びます。

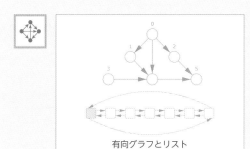

有向グラフとリスト

	ノード番号	nodeId

アルゴリズム・アニメーション →

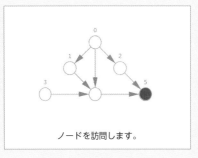

ノードを訪問します。

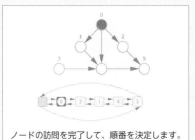

ノードの訪問を完了して、順番を決定します。

ソート		
●	ノードを訪問します。	`color[u] ← GRAY`
●	ノードの訪問を完了し、順序を確定します。	`color[v] ← BLACK`
■	順序が確定したノードをリストの先頭に追加します。	`list.insert(u)`
	訪問済みのノードのグループを拡張していきます。	color が GRAY のノード
	完了済みのノードのグループを拡張していきます。	color が BLACK のノード

深さ優先探索

1-1

ノード 0 を訪問します。

1-2

ノード 1 を訪問します。

1-3

ノード 4 を訪問します。

1-4

ノード 5 を訪問します。

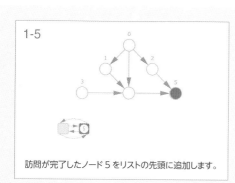

訪問が完了したノード 5 をリストの先頭に追加します。

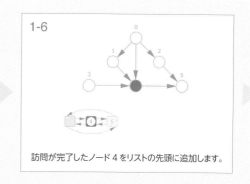

訪問が完了したノード 4 をリストの先頭に追加します。

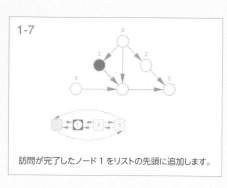

訪問が完了したノード 1 をリストの先頭に追加します。

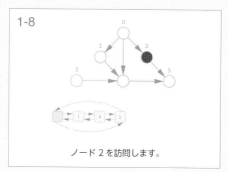

ノード 2 を訪問します。

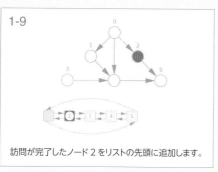

訪問が完了したノード 2 をリストの先頭に追加します。

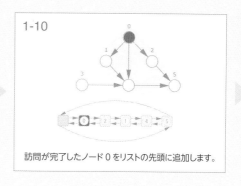

訪問が完了したノード 0 をリストの先頭に追加します。

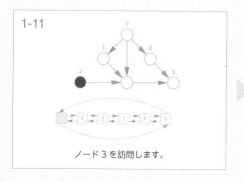

ノード 3 を訪問します。

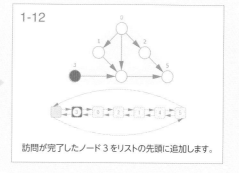

訪問が完了したノード 3 をリストの先頭に追加します。

23
－
4

Tarjanのアルゴリズム

　深さ優先探索において、ノードの訪問が完了した順番で、ノードをリストに追加していきます。このとき、リストの先頭から追加することによって、最終的にトポロジカルソート順にノードをたどることができます。深さ優先探索の性質から、訪問が完了したノード u をリストに追加するときには、u に依存する全てのノードがすでにリストに入っている状態になります。

```
Graph g ← グラフを生成
List list ← 空のリスト

# グラフ g に対するトポロジカルソート
# リスト list にノードの順番を記録する
topologicalSort():
    for v ← 0 to g.N-1:
        color[v] ← WHITE

    for v ← 0 to g.N-1:
        if color[v] = WHITE:
            dfs(v)

dfs(u):
    color[u] ← GRAY
    for v in g.adj[u]:
        if color[v] = WHITE:
            dfs(v)

    color[u] ← BLACK
    list.insert(u) # リスト の先頭に u を追加する
```

深さ優先探索のオーダーで O(N + M) になります。

 特徴　前述のとおり、トポロジカルソートには多くの応用分野があります。深さ優先探索でも、幅優先探索でも、トポロジカルソートとしては同じ機能を提供します。実装面では深さ優先探索の方が簡潔に行えますが、大きなグラフに対しては、再帰が深くなってしまう問題があるため、幅優先探索が適している場合もあります。

24章

Union-Find 木
(Union-Find Tree)

　データ構造の役割は、動的なデータの集合を効率的に扱うことです。これまでに獲得した配列や木構造をベースとしたデータ構造は、主に1つの集合を扱うもので、複数の「要素のグループ＝集合」の管理には適していません。

　この章では、森の構造を応用した、互いに素な集合の管理を行うデータ構造を獲得します。

・ランクによる合併
・経路圧縮
・Union-Find 木

24-1 ランクによる合併 ★

木の結合 Union of Trees

　森を構成する木は、集合として扱うことができます。木の合併によって、集合の合併を行います。このとき、新たに生成された木の高さがその後の計算量に影響するため、工夫をする必要があります。

森とそれに含まれる木の根の組がいくつか与えられるので、それらの根で木を合併して森を
再構築してください。

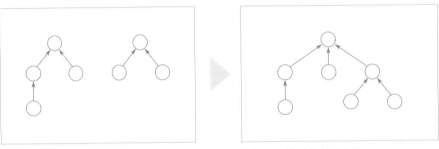

森と根の組
森のノードの数 N ≤ 100,000

指定された根で木を合併した森

ランクによる合併 Union By Rank

木の高さ（ランク）を考慮して、2つの木を合併します。

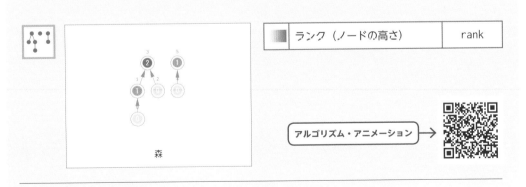

森

	ランク（ノードの高さ）	rank

アルゴリズム・アニメーション →

根のランクを比較します。

合併			
	ランクを比較します。	rank[x] > rank[y]:
●	ランクを1つ増やします。	rank[y]++
●	親を更新します。	parent[y] ← ?

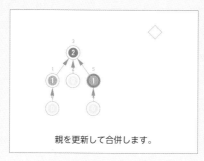

親を更新して合併します。

合併

1-1

0と1を合併します。ランクを比較します。

1-2

1を代表にして0の親を書き換えます。
1のランクが1つ増えます。

1-3

2と3を合併します。ランクを比較します。

1-4

3を代表にして2の親を書き換えます。
3のランクが1つ増えます。

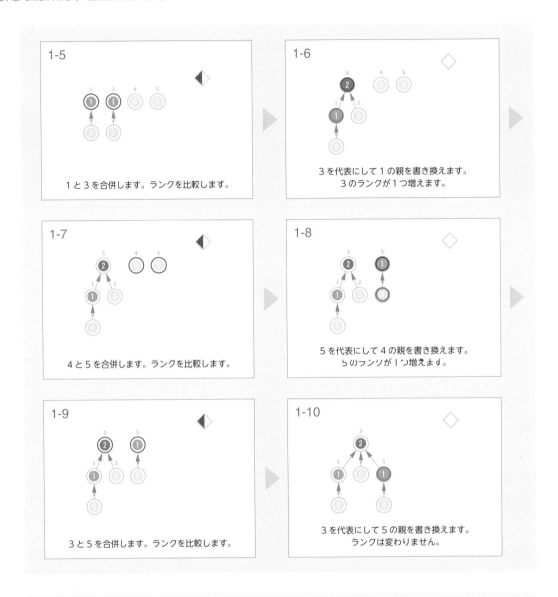

1-5
1 と 3 を合併します。ランクを比較します。

1-6
3 を代表にして 1 の親を書き換えます。
3 のランクが 1 つ増えます。

1-7
4 と 5 を合併します。ランクを比較します。

1-8
5 を代表にして 4 の親を書き換えます。
5 のランクが 1 つ増えます。

1-9
3 と 5 を合併します。ランクを比較します。

1-10
3 を代表にして 5 の親を書き換えます。
ランクは変わりません。

　2 つの木を、それらの根で合併する場合は 2 つのケースを考慮します。2 つの木の高さが異なる場合は、高さが低い方の木の根の親を、高さが高い木の根として書き換え、木を合併します。低い方の木を高い方の木に合併することによって、合併後の木の高さを維持します。2 つの木の高さが同じ場合は、同様に根の親を変更することで、どちらか一方の木を他方へ合併します。この場合は合併後の木の高さは 1 つ増えます。

```
unite(x, y): // 2つの根を合併
    if rank[x] > rank[y]:
        parent[y] ← x
    else:
        parent[x] ← y
        if rank[x] = rank[y]:
            rank[y]++

# 合併のシミュレーション
unite(0, 1)
unite(2, 3)
unite(1, 3)
unite(4, 5)
unite(3, 5)
```

　合併の処理は、木の根に対してのみ読み書きが行われるため、オーダーは O(1) となります。

特徴　互いに素な集合の基本操作に応用されます。

24-2 経路圧縮

木の高さの縮小 Decreasing Height of Tree

　森に含まれる木を集合として扱う場合、その高さが計算量に影響するため、木の高さをなるべく低く保つ必要があります。

森の木を変型して、その高さを縮小してください。

森の一部の木
ノードの数 N ≤ 100,000

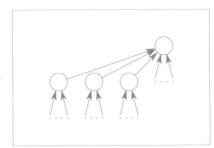

高さを縮小した木

 経路圧縮 Path Compression

　深さ優先探索のバックトラックの原理で、始点ノードから根までの経路上にある全てのノードの親を、根に更新していきます。

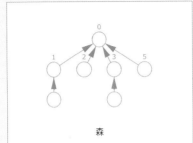

森

アルゴリズム・アニメーション →

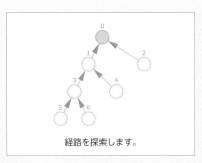

経路を探索します。

経路圧縮		
	根までの経路を探索します。	compress(x)
	親を更新します。	
	parent[x] ← compress(parent[x])	
	圧縮する経路	x の軌跡

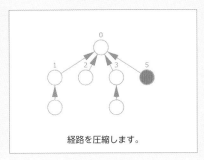

経路を圧縮します。

経路圧縮

1-1

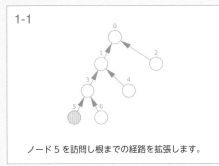

ノード 5 を訪問し根までの経路を拡張します。

1-2

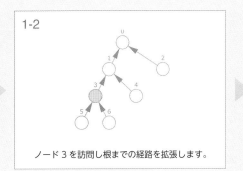

ノード 3 を訪問し根までの経路を拡張します。

1-3

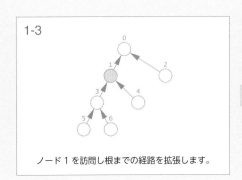

ノード 1 を訪問し根までの経路を拡張します。

1-4

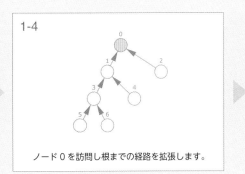

ノード 0 を訪問し根までの経路を拡張します。

–
2

経路圧縮

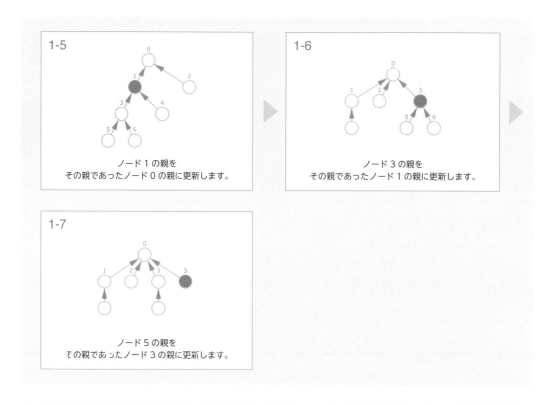

始点から根に至る経路上の全てのノードについて、それらの親が根を指すように変更することにより経路圧縮を行います。始点から深さ優先探索で根までの経路上にあるノードの親を根に更新します。これはノード x を訪問する関数の戻り値が x の親であり、x の親をたどっていく深さ優先探索で実現します。

```
# ノード x から経路圧縮
compress(x):
    if parent[x] ≠ x: # x が根ではない
        parent[x] ← compress(parent[x])

    return parent[x]

# 圧縮のシミュレーション
compress(5)
```

この経路圧縮のオーダーは O(N) ですが、この工夫によって、高さの低い木が生成され、木に対する操作が極少ない計算量で行われるようになります。

特徴	互いに素な集合の基本操作に応用されます。

24-3 | Union-Find 木

★★
★★
★

互いに素な集合の管理 Disjoint Set

1つの要素が複数の集合に属さないような集合を互いに素な集合と言います。互いに素な集合において、集合を合併したり、指定要素が含まれる集合の特定を行うデータ構造はいつくかのアルゴリズムに応用されます。

互いに素な集合を管理するデータ構造を実装してください。

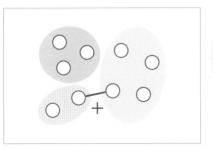

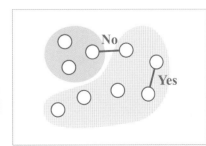

互いに素な集合に対する合併
・ノードの数 N ≤ 100,000

互いに素な集合に対する問い合わせ

Union-Find 木 Union-Find Tree

　各ノードが、その親ノードの番号を保持する森によって、互いに素な集合を表すことができます。Union-Find 木は、ランクによる木の合併と経路圧縮によって、質問へ高速に答えることができるデータ構造です。ここでは、主に集合の合併処理について解説します。

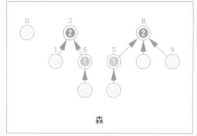

森

	ランク	rank

アルゴリズム・アニメーション →

合併する2つのノードを指定します。

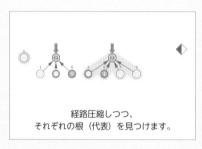

経路圧縮しつつ、
それぞれの根（代表）を見つけます。

ランクに基づいてどちらかの親を更新し、
2つの根を合併します。

集合の合併

	指定された2つのノードのそれぞれの根（代表）を求めます。	
	`root1 ← findSet(x)` `root2 ← findSet(y)`	
↓	合併する根（代表）を指します。	root1, root2
◆	根のランクを比較します。	
	`if rank[x] > rank[y]:`	
↓	選ばれた新しい根（代表）を指します。	x または y
●	ランクを1増やします。	rank[y]++
●	親を書き換えます。	parent[?] ← ?
●	経路圧縮を行います。	
	`parent[x] ← findSet(parent[x]):`	

集合の合併

1-1

3 と 5 を合併する問い合わせを処理します。

1-2

経路圧縮をしつつ代表（根）を求めます。
合併の準備として、ランクを比較します。

1-3

ランクを基準とした合併を行い、
5 を新たな代表とします。

1-4

7 と 8 を合併する問い合わせを処理します。

1-5

経路圧縮をしつつ代表（根）を求めます。
合併の準備として、ランクを比較します。

1 6

ランクを基準とした合併を行い、
8 を新たな代表とします。

1-7

]7 と 9 を合併する問い合わせを処理します。

1-8

経路圧縮をしつつ代表（根）を求めます。
合併の準備として、ランクを比較します。

317

1-9
ランクを基準とした合併を行い、
8 を新たな代表とします。

1-10
3 と 7 を合併する問い合わせを処理します。

1-11
経路圧縮をしつつ代表（根）を求めます。
合併の準備として、ランクを比較します。

1-12
ランクを基準とした合併を行い、
8 を新たな代表とします。

1-13
1 と 2 を合併する問い合わせを処理します。

1-14
経路圧縮をしつつ代表（根）を求めます。
合併の準備として、ランクを比較します。

1-15
ランクを基準とした合併を行い、
2 を新たな代表とします。

1-16
4 と 6 を合併する問い合わせを処理します。

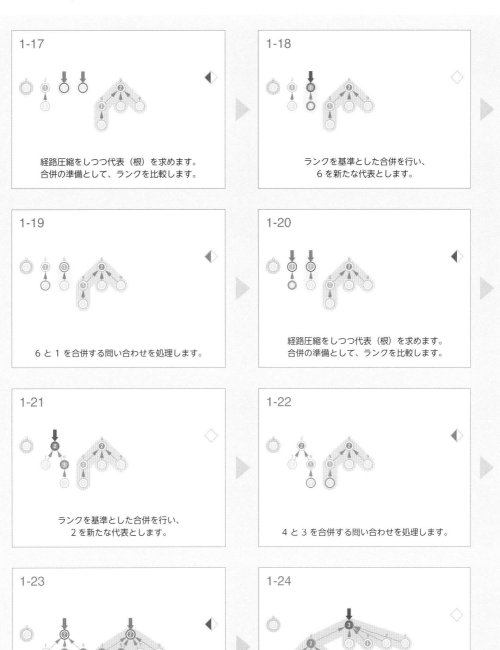

1-17

経路圧縮をしつつ代表（根）を求めます。
合併の準備として、ランクを比較します。

1-18

ランクを基準とした合併を行い、
6 を新たな代表とします。

1-19

6 と 1 を合併する問い合わせを処理します。

1-20

経路圧縮をしつつ代表（根）を求めます。
合併の準備として、ランクを比較します。

1-21

ランクを基準とした合併を行い、
2 を新たな代表とします。

1-22

4 と 3 を合併する問い合わせを処理します。

1-23

経路圧縮をしつつ代表（根）を求めます。
合併の準備として、ランクを比較します。

1-24

ランクを基準とした合併を行い、
8 を新たな代表とします。

　Union-Find 木では、森の各木が 1 つの集合を表します。各集合の代表をその木の根とします。各ノードが属する集合の番号を、その集合の代表の番号とします。findSet(x) はノード x の代表を求める操作ですが、同時に、x からそれが属する木の根までの経路を圧縮します。2 つのノード x, y が属するそれぞれの集合（木）を合併するときは、それぞれ findSet(x)、findSet(y) によって代表を求め、これらをランクに基づいて合併します。合併はどちらかの親を変更することによって行います。

　ここでは、主に合併の解説を行いましたが、指定された 2 つの要素 x と y が同じ集合に属するかの質問に対しては、それぞれの findSet の値（根）が等しいかどうかを調べます。

```
class DisjointSet:
    N
    parent  # 森を構成する各ノードの親を保持する配列
    rank  # rank を管理する配列

    init(s):  # 初期化
        N ← s
        for i ← 0 to N-1:
            parent[i] ← i
            rank[i] ← 0

    unite(x, y):
        root1 ← findSet(x)
        root2 ← findSet(y)
        link(root1, root2)

    findSet(x):
        if paret[x] ≠ x:
            parent[x] ← findSet(parent[x])
        return parent[x];

    link(x, y):
        if rank[x] > rank[y]:
            parent[y] ← x
        else:
            parent[x] ← y
            if rank[x] = rank[y]:
                rank[y]++
```

Union-Find 木では、合併の処理、質問の処理、両方において経路圧縮が行われるため、それぞれの処理・質問において、高さが極めて低い木に対して操作が行われます。計算量の解析は難しいため本事典では詳細を省きますが、O(log N) より高速になることが知られています。

> **特徴**
>
> 　互いに素な集合に対する、合併処理と質問に答える問題は、グラフの探索アルゴリズムなどでも解決することができますが、グラフの場合はエッジの接続性が変更された後に探索をすることになり、大きなデータに対しては応用できません。ここで実装した Union-Find 木は、ノード数は固定で、接続の追加しかできませんが、多くの問題を解決する強力なデータ構造のひとつです。例えば、Union-Find 木は、グラフの最小全域木を求めるクラスカルのアルゴリズムに応用されます。

25章

最小全域木を求める
アルゴリズム

(Algorithms for MST)

　グラフのエッジに値を持たせ、アプリケーションに応じて様々な意味を与えることで、グラフの応用分野はさらに広がります。

　この章では、重み付きグラフ上のアルゴリズムの中でも、様々な応用分野を持つ最小全域木を求めるアルゴリズムを獲得します。

　・プリムのアルゴリズム
　・クラスカルのアルゴリズム

25-1 プリムのアルゴリズム

★★★
★★
★

最小全域木 Minimum Spanning Tree

　連結なグラフからエッジを選択して（削除して）得られる連結な木を全域木 (Spanning Tree) と呼びます。全域木は深さ優先探索や幅優先探索などの基本的な巡回アルゴリズムで得られますが、エッジの選び方によって様々な性質を得ることができます。

　重み付き無向グラフの最小全域木を求めてください。最小全域木とは、グラフから生成できる全域木のうち、エッジの重みの総和が最も小さいものです。

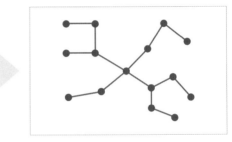

重み付き無向グラフ
ノードの数 N ≤ 1,000
エッジの数 M ≤ 10,000

最小全域木

プリムのアルゴリズム Prim's Algorithm

　プリムのアルゴリズムは、空の全域木 T から開始し、この全域木 T に最適なエッジを 1 つずつ選んで追加していき、最終的に最小全域木を構築します。

重み付き無向グラフ

	T に含まれるノードへ向かうエッジの重みの最小値	dist
	最小全域木における親	parent
	ノード間の距離	weight

アルゴリズム・アニメーション →

最小の dist をもつノードを探します。

始点の決定と初期化		
⬤(薄)	適当な始点の dist を 0 に初期化します。	
⬤(濃)	他のノードの dist を大きな値で初期化します。	
最小全域木の構築		
◆	dist が最小のノードを探します。	# find minimum
⬇	重みが最小のノードを指します。	u
⬤	ノードの dist と parent を更新します。	
	$dist[v] \leftarrow weight[u][v]$ $parent[v] \leftarrow u$	
▬	最小全域木の暫定エッジを表します。	(v, parent[v])
━	最小全域木を拡張していきます。	T に u を含める
最小全域木を出力		
◯	親の情報から最小全域木を構築します。	

選んだノードを T に追加し、
隣接するノードの dist を更新します。

始点の決定と初期化

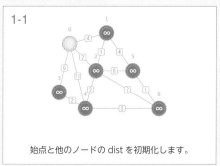

1-1

始点と他のノードの dist を初期化します。

最小全域木の構築

2-1 ◆

dist が最小のノードを探します。

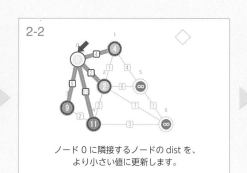

2-2 ◇

ノード 0 に隣接するノードの dist を、
より小さい値に更新します。

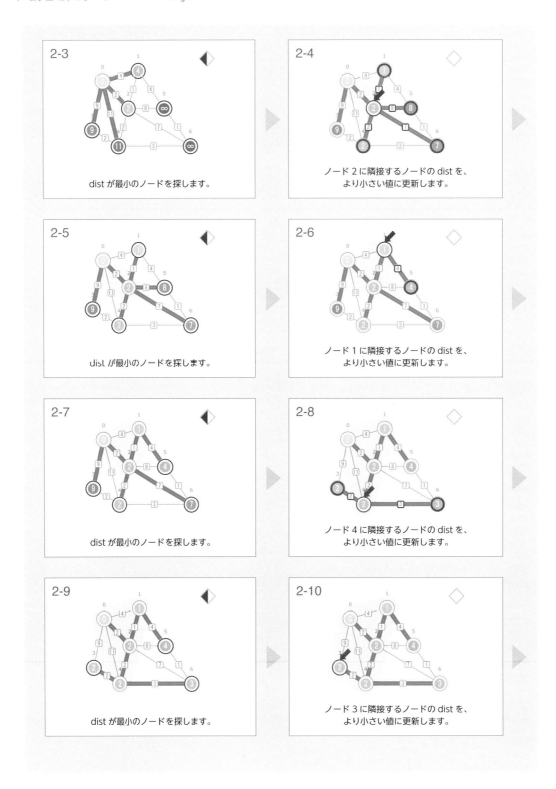

2-3　dist が最小のノードを探します。

2-4　ノード 2 に隣接するノードの dist を、より小さい値に更新します。

2-5　dist が最小のノードを探します。

2-6　ノード 1 に隣接するノードの dist を、より小さい値に更新します。

2-7　dist が最小のノードを探します。

2-8　ノード 4 に隣接するノードの dist を、より小さい値に更新します。

2-9　dist が最小のノードを探します。

2-10　ノード 3 に隣接するノードの dist を、より小さい値に更新します。

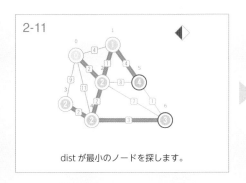

2-11

dist が最小のノードを探します。

2-12

ノード 6 に隣接するノードの dist を、
より小さい値に更新します。

2-13

dist が最小のノードを探します。

2-14

ノード 5 に隣接するノードの dist を、
より小さい値に更新します。

最小全域木を出力

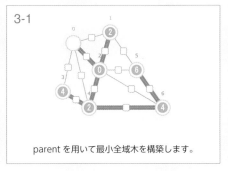

3-1

parent を用いて最小全域木を構築します。

　プリムのアルゴリズムでは、適当なノードを起点として全域木 T を拡張していきます。各ステップで、T に含まれるノードと T に含まれないノードを繋ぐエッジの中で、重みが最も小さいものを選び、その端点である T に含まれないノードを T に含めていきます。この処理を効率良く行うために、変数 dist を用います。各ノード i について、自身と T の中のノードを繋ぐエッジの中で重みが最小のものの重みを dist[i] に記録していきます。つまり、各ステップで dist が最小のノードを探し、得られたノード u を T に含めます。このとき、u に隣接するノード v の dist[v] よりも weight[u][v] の方が小さければ dist[v] を更新します。プリムのアルゴリズムは、全てのノードが全域木に含まれた時点で終了します。

　　各ノード v について、最小全域木における親 parent[v] を記録しておけば、parent から最小全域木を構築することができます。親の情報は、dist[v] が更新されるタイミングで、parent[v] に u を記録します。根以外の v について エッジ (v, parent[v]) が最小全域木に含まれるエッジになります。

```
# グラフ g の最小全域木を求める
# T: 最小全域木に含まれるノードの集合
prim(g):
    s ← 0                      # 適当な始点を決める

    for v ← 0 to g.N-1:
        dist[v] ← INF
        parent[v] ← NIL   # 親がない状態

    dist[s] ← 0

    while True:
        u ← NIL
        minv ← INF
        # find minimum
        for v ← 0 to g.N-1:
            if v が T に含まれる : continue
            if dist[v] < minv:
                u ← v;
                minv ← dist[v]

        if u = NIL: break
        T に u を含める

        for v ← 0 to g.N-1:
            if g.weight[u][v] = INF: continue
            if v が T に含まれる : continue
            if dist[v] > weight[u][v]:
                dist[v] ← weight[u][v]
                parent[v] ← u
```

プリムのアルゴリズムは、各ステップでノードを 1 つ追加しながら最小全域木 T を拡張していきます。重みが最小のノードを探す処理を線形探索で行う場合は、オーダーは $O(N^2)$ となります。これは、隣接行列、隣接リストで実装しても同じです。一方、最小の重みをヒープ（優先度付きキュー）で管理し、最適なノードをヒープから選択するようにし、グラフを隣接リストで実装した場合は、プリムのアルゴリズムのオーダーは $O((N+M)\log N)$ となります。ヒープ（または優先度付きキュー）による実装は、最短経路を求めるダイクストラのアルゴリズムのトピックで解説します。

特徴　最小全域木問題は、コンピュータの分野ではネットワークの設計や回路の配線など、様々な分野に現れます。最小全域木は、その問題そのものではなくとも、グラフに関する様々な問題を解決するための有効な特徴となります。このような問題の分野は、効率的な解法が存在しないグラフの巡回問題、画像処理、バイオ工学など多岐に渡ります。

25-2 クラスカルのアルゴリズム ★★★

最小全域木 Minimum Spanning Tree

より大きなグラフに対して、最小全域木を求めてみましょう。

重み付き無向グラフの最小全域木を求めてください。

重み付き無向グラフ
ノードの数 N ≤ 100,000
エッジの数 M ≤ 100,000

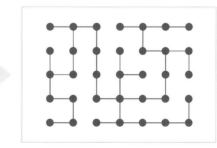

最小全域木

クラスカルのアルゴリズム Kruskal's Algorithm

　クラスカルのアルゴリズムは互いに素な集合を管理しながら、1 つずつエッジを全域木に追加していきます。

重み付き無向グラフ

	ノード間の距離	weight

アルゴリズム・アニメーション →

エッジを追加できるか確認します。

エッジを追加して集合を合併します。

整列		
■	エッジを重みの昇順に ソートします。	
エッジの追加		
●	最小全域木にエッジを 追加します。	MST に e を追加する
■	接続しようとするエッ ジを表します。	u, v
—	最小全域木に含まれる エッジを表します。	MST に含まれるエッジ
	最小全域木に含まれる ノードを拡張していき ます。	MST に含まれるノード

整列

1-1

ノードに対応した、互いに素な集合を作成します。

1-2

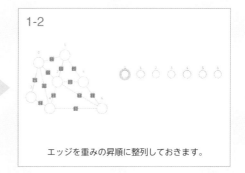

エッジを重みの昇順に整列しておきます。

エッジの追加

2-1

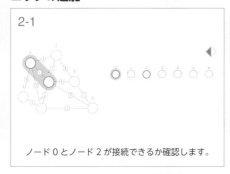

ノード 0 とノード 2 が接続できるか確認します。

2-2

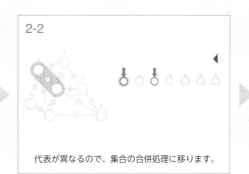

代表が異なるので、集合の合併処理に移ります。

2-3

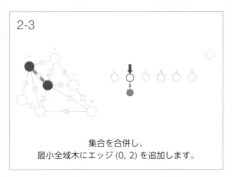

集合を合併し、
最小全域木にエッジ (0, 2) を追加します。

2-4

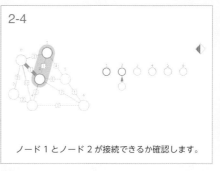

ノード 1 とノード 2 が接続できるか確認します。

2-5

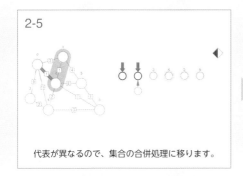

代表が異なるので、集合の合併処理に移ります。

2-6

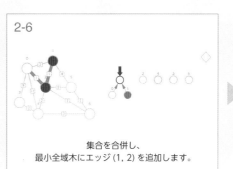

集合を合併し、
最小全域木にエッジ (1, 2) を追加します。

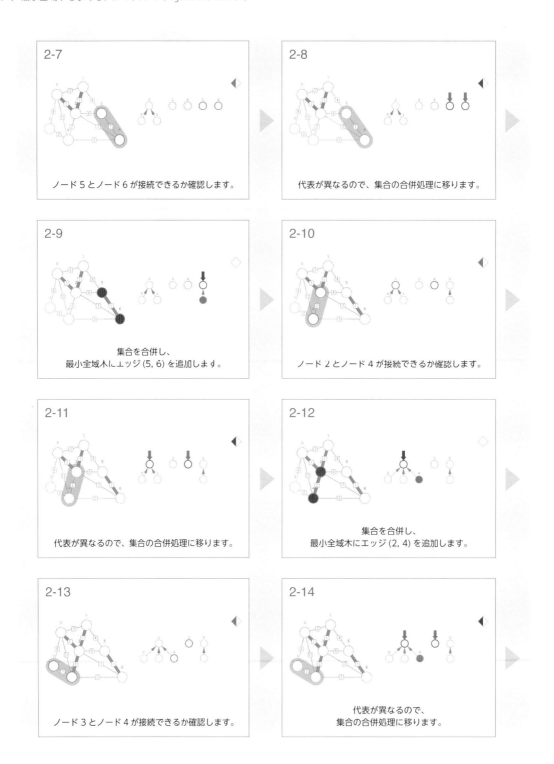

2-7
ノード 5 とノード 6 が接続できるか確認します。

2-8
代表が異なるので、集合の合併処理に移ります。

2-9
集合を合併し、
最小全域木にエッジ (5, 6) を追加します。

2-10
ノード 2 とノード 4 が接続できるか確認します。

2-11
代表が異なるので、集合の合併処理に移ります。

2-12
集合を合併し、
最小全域木にエッジ (2, 4) を追加します。

2-13
ノード 3 とノード 4 が接続できるか確認します。

2-14
代表が異なるので、
集合の合併処理に移ります。

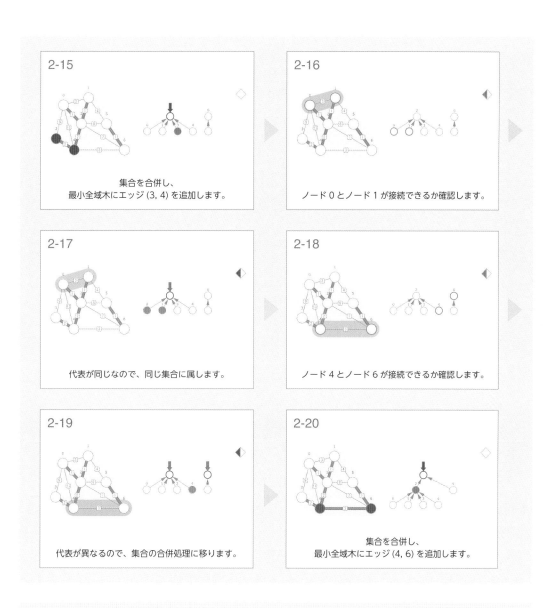

2-15

集合を合併し、
最小全域木にエッジ (3, 4) を追加します。

2-16

ノード 0 とノード 1 が接続できるか確認します。

2-17

代表が同じなので、同じ集合に属します。

2-18

ノード 4 とノード 6 が接続できるか確認します。

2-19

代表が異なるので、集合の合併処理に移ります。

2-20

集合を合併し、
最小全域木にエッジ (4, 6) を追加します。

　クラスカルのアルゴリズムは、まずグラフのエッジをそれらの重みの昇順で整列します。重みが小さい順にエッジ (u, v) を選び、u と v が異なる集合にある場合にこれらの集合を合併し、(u, v) を最小全域木に追加します。u と v が同じ集合に属する場合は、エッジを追加するとグラフに閉路 (サイクル) ができてしまうので、そのエッジを捨て、次のエッジの選択に進みます。クラスカルのアルゴリズムは、追加したエッジの数が N-1 に達したときに終了します。

```
# グラフ g から最小全域木 MST を構築する
kruskal(g):
    MST ← 空のリスト
    edges ← g のエッジをリスト化する

    edges を重みの昇順で整列する

    DisjointSet ds(g.N)  # 要素数 N の互いに素な集合を生成する

    for e in edges:
        u ← e の1つめの端点
        v ← e の2つめの端点

        if ds.findSet(u) ≠ ds.findSet(v):
            ds.link(u, v)
            MST に e を追加する
```

　クラスカルのアルゴリズムの計算量は、エッジに対するソートアルゴリズムに依存します。エッジのソートにクイックソートやマージソートなどの速いソートを使えば、オーダーは O(M log M) となります。

特徴　O(N^2) の実装のプリムのアルゴリズムとは違い、クラスカルのアルゴリズムは大規模なグラフに対して最小全域木を求めることができます。

26章

最短経路を求める
アルゴリズム

(Algorithms for Shortest Path)

　グラフの最短経路とは、2点間のパスの中で、それに含まれるエッジの重みの総和が最小のものを言います。最短経路はグラフ理論の中でも最も重要な問題のひとつで、多くのアルゴリズムが考案されてきました。

　この章では、グラフの大きさや重みの特徴に応じた、様々な最短経路のアルゴリズムを獲得します。

- ダイクストラのアルゴリズム
- ダイクストラのアルゴリズム（優先度付きキュー）
- ベルマンフォードのアルゴリズム
- ワーシャルフロイドのアルゴリズム

26-1 ダイクストラのアルゴリズム ★★★

最短経路 Shortest Path

　指定された 2 点間の最短距離や経路は、日常生活の中でも最も興味深い問題のひとつです。そこで、重み付きグラフにおける最短経路に関するアルゴリズムが多く考案されています。

重み付きグラフと始点・終点が与えられたとき、始点から終点への最短経路を求めてください。

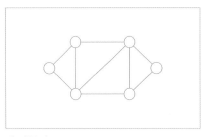

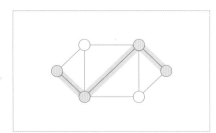

重み付きグラフ
ノードの数 N ≤ 1,000
エッジの数 M ≤ 10,000
0 ≤ エッジの重み ≤ 10,000

始点から終点への最短経路

 **ダイクストラのアルゴリズム** Dijkstra's Algorithm

　ダイクストラのアルゴリズムは、最短経路木と呼ばれる始点を根とした全域木を生成します。最短経路木によって、始点から他の各ノードへの最短経路と最短距離が求まります。ダイクストラのアルゴリズムは、空の最短経路木 T から開始し、ノードを 1 つずつ T に追加していきます。

重み付き無向グラフ

始点から各ノードへの暫定最短距離	dist
最短経路木における親	parent
ノード間の距離	weight

アルゴリズム・アニメーション →

最小の dist をもつノードを探します。

選んだノードを T に追加し、
隣接するノードの暫定距離を更新します。

始点の決定と初期化		
◐	始点の距離を 0 に初期化します。	dist[s] ← 0
◐	その他のノードの暫定距離を大きな値で初期化します。	dist[v] ← INF
最短経路木の構築		
◀	暫定距離が最小のノードを探します。	# find minimum
⬇	暫定距離が最も小さいノードを指します。	u

●	ノードの暫定距離と親を更新します。
	if dist[v] > dist[u] + weight[u][v]:
	    dist[v] ← dist[u] + weight[u][v]
	    parent[v] ← u	

▬	最短経路木の暫定エッジを表します。	(v, parent[v])
	最短経路木を拡張していきます。	T に u を含める
最短経路木を出力		
○	親の情報から最短経路木を構築します。	

始点の決定と初期化

1-1

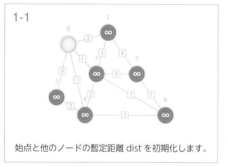

始点と他のノードの暫定距離 dist を初期化します。

最短経路木の構築

2-1

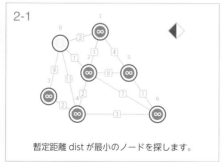

暫定距離 dist が最小のノードを探します。

2-2

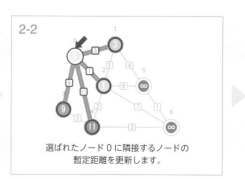

選ばれたノード 0 に隣接するノードの
暫定距離を更新します。

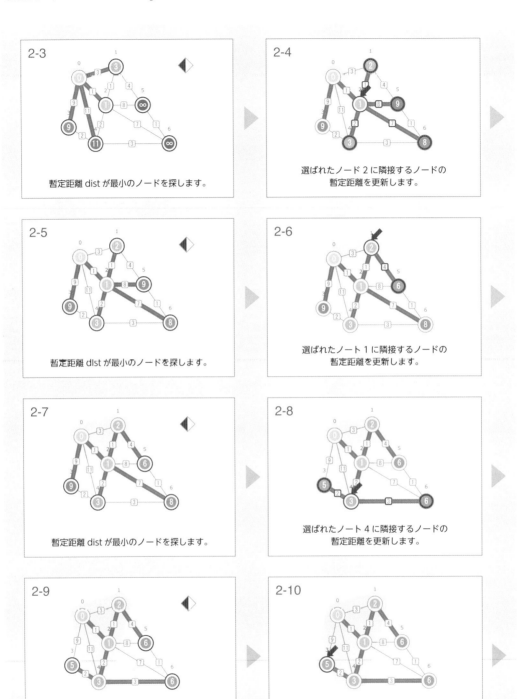

2-3 暫定距離 dist が最小のノードを探します。

2-4 選ばれたノード 2 に隣接するノードの暫定距離を更新します。

2-5 暫定距離 dist が最小のノードを探します。

2-6 選ばれたノート 1 に隣接するノードの暫定距離を更新します。

2-7 暫定距離 dist が最小のノードを探します。

2-8 選ばれたノート 4 に隣接するノードの暫定距離を更新します。

2-9 暫定距離 dist が最小のノードを探します。

2-10 選ばれたノート 3 に隣接するノードの暫定距離を更新します。

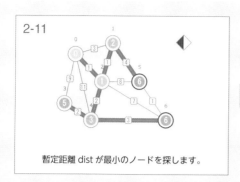

2-11

暫定距離 dist が最小のノードを探します。

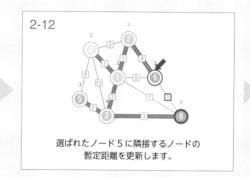

2-12

選ばれたノード 5 に隣接するノードの
暫定距離を更新します。

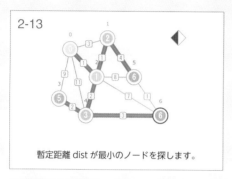

2-13

暫定距離 dist が最小のノードを探します。

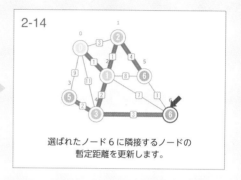

2-14

選ばれたノード 6 に隣接するノードの
暫定距離を更新します。

最短経路木を出力

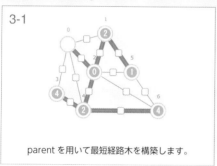

3-1

parent を用いて最短経路木を構築します。

　ダイクストラのアルゴリズムでは、最短経路木 T を拡張していきます。最短経路木とは、根を始点としたとき、根から各ノードへの（ただ一通りの）パスが、グラフ上の最短経路になっているような木です。各計算ステップでは、始点から各ノードまでの、T に含まれるノードのみを経由した、最短距離が確定しています。T に含まれない各ノード i について、始点からの暫定的な最短距離を dist[i] に記録していきます。アルゴリズムは各ステップで、T に含まれないノードから、暫定距離 dist が最も小さいノード u を選び T に含めます。このとき、ノード u に隣接し T に含まれないノードの暫定距離をより小さくできれば更新します。このとき、最短経路木におけるノード v の親 parent[v] を u に更新します。ダイクストラのアルゴリズムは、全てのノードが最短経路木に含まれた時点で終了します。終了時点で dist が確定し、dist[i] には始点からノード i までの最短距離が求まっています。最短経路木、つまり始点から他の各ノードまでの最短経路は、parent を用いて構築することができます。

```
# T: 最短経路木
# グラフ g について始点 s からの最短経路を求める
dijkstra(g, s):
    for v ← 0 to g.N-1:
        dist[v] ← INF
        parent[v] ← NIL  # 親がない状態

    d[s] ← 0

    while True:
        u ← NIL
        minv ← INF
        # find minimum
        for v ← 0 to g.N-1:
            if v が T に含まれる: continue
            if dist[v] < minv:
                u ← v
                minv ← dist[v]

        if u = NIL: break
        T に u を含める

        for v ← 0 to g.N-1:
            if weight[u][v] = INF: continue:
            if v が T に含まれる: continue
            if dist[v] > dist[u] + weight[u][v]:
                dist[v] ← dist[u] + weight[u][v]
                parent[v] ← u
```

ダイクストラのアルゴリズムは、各ステップでノードを1つ追加しながら最短経路木Tを拡張していきます。暫定距離が最小のノードを探す処理を線形探索で行う場合は、オーダーは$O(N^2)$となります。これは、隣接行列、隣接リストで実装しても同じです。一方、この処理にヒープ（優先度付きキュー）を応用すれば高速なアルゴリズムを実装することができます。

> **特徴**　$O(N^2)$の実装は効率が悪く、大きなグラフに対しては実用的ではありません。次のトピックではヒープを応用した実用的なダイクストラのアルゴリズムを解説します。

26-2　ダイクストラのアルゴリズム（優先度付きキュー）　★★★★★

最短経路　Shortest Path

より大きなグラフに対して、最短経路を求めてみましょう。

重み付きグラフと始点・終点が与えられたとき、始点から終点への最短経路を求めてください。

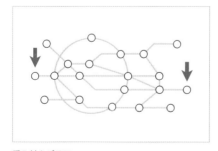

重み付きグラフ
ノードの数 N ≤ 100,000
エッジの数 M ≤ 100,000
0 ≤ エッジの重み ≤ 10,000

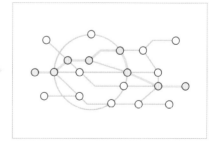

始点から終点への最短経路

ダイクストラのアルゴリズム（優先度付きキュー）
Dijkstra's Algorithm (with Priority Queue)

　ダイクストラのアルゴリズムは、最小ヒープに基づく優先度付きキューを応用することで、高速に最短経路木を構築することができます。

重み付き無向グラフ

	始点から各ノードへの暫定最短距離	dist
	ノード番号	nodeId
	最短経路木における親	parent
	ノード間の距離	weight

アルゴリズム・アニメーション →

優先度付きキューから
最適なノードを取得します。

隣接するノードの距離を更新します。

始点を決定

	始点の距離を 0 に初期化します。	dist[s] ← 0
	その他のノードの距離を大きな値に設定します。	dist[v] ← INF

最短経路木の構築

	ヒープから取り出された最適なノードを指します。	u
	隣接するノードを訪問して距離を更新します。	
	if dist[e.v] > dist[u] + e.weight 　　dist[e.v] ← dist[u] + e.weight 　　que に (dist[e.v], e.v) を挿入する 　　parent[e.v] ← u	
	最短経路木の暫定エッジを表します。	(v, parent[v])
	最短経路木を拡張していきます。	T に含まれるノード

最短経路木を出力

	親の情報から最短経路木を構築します。	

始点を決定

1-1

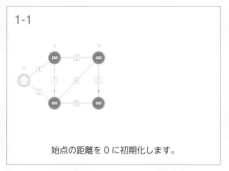

始点の距離を 0 に初期化します。

1-2

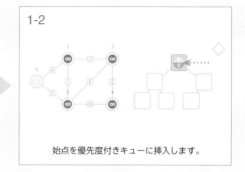

始点を優先度付きキューに挿入します。

最短経路木の構築

2-1

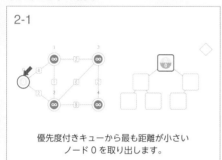

優先度付きキューから最も距離が小さい
ノード 0 を取り出します。

2-2

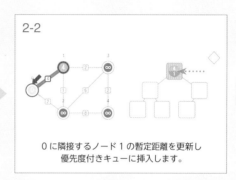

0 に隣接するノード 1 の暫定距離を更新し
優先度付きキューに挿入します。

2-3

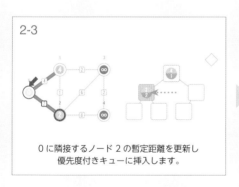

0 に隣接するノード 2 の暫定距離を更新し
優先度付きキューに挿入します。

2-4

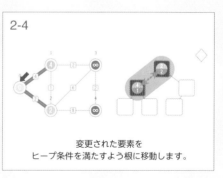

変更された要素を
ヒープ条件を満たすよう根に移動します。

2-5

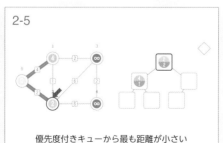

優先度付きキューから最も距離が小さい
ノード 2 を取り出します。

2-6

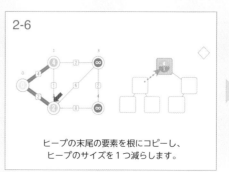

ヒープの末尾の要素を根にコピーし、
ヒープのサイズを 1 つ減らします。

2-7

2 に隣接するノード 1 の暫定距離を更新し
優先度付きキューに挿入します。

2-8

変更された要素を
ヒープ条件を満たすよう根に移動します。

2-9

2 に隣接するノード 3 の暫定距離を更新し
優先度付きキューに挿入します。

2-10

2 に隣接するノード 4 の暫定距離を更新し
優先度付きキューに挿入します。

2-11

優先度付きキューから最も距離が小さい
ノード 1 を取り出します。

2-12

ヒープの末尾の要素を根にコピーし、
ヒープのサイズを 1 つ減らします。

2-13

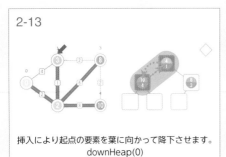

挿入により起点の要素を葉に向かって降下させます。
downHeap(0)

2-14

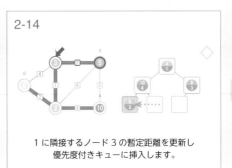

1 に隣接するノード 3 の暫定距離を更新し
優先度付きキューに挿入します。

2-15

変更された要素をヒープ条件を満たすよう
根に移動します。

2-16

優先度付きキューから最も距離が小さい
ノード 1 を取り出します。

2-17

ヒープの末尾の要素を根にコピーし、
ヒープのサイズを 1 つ減らします。

2-18

挿入により起点の要素を葉に向かって降下させます。
downHeap(0)

2-19

優先度付きキューから最も距離が小さい
ノード 3 を取り出します。

2-20

ヒープの末尾の要素を根にコピーし、
ヒープのサイズを 1 つ減らします。

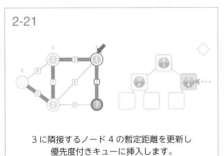

2-21

3 に隣接するノード 4 の暫定距離を更新し
優先度付きキューに挿入します。

2-22

変更された要素をヒープ条件を満たすよう
根に移動します。

2-,23

優先度付きキューから最も距離が小さい
ノード 4 を取り出します。

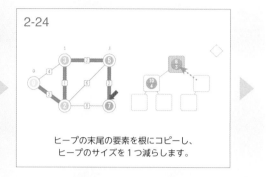

2-24

ヒープの末尾の要素を根にコピーし、
ヒープのサイズを 1 つ減らします。

最短経路木を出力

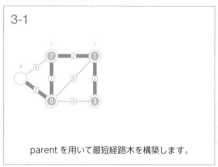

3-1

parent を用いて最短経路木を構築します。

　距離が暫定的なノードから、最短距離を決定し最短経路木に含める処理では、最短経路木に含まれないノードの中から、距離が最小のノードを探索しなければなりません。この処理を優先度付きキューを用いて行うことでアルゴリズムの効率化を図ります。優先度付きキューは（暫定距離, ノード番号）の組を要素とし、暫定距離に関して最小の要素から取り出されるよう最小ヒープで管理します。

　まず、始点の暫定距離を 0 に初期化し、(0, 始点のノード番号) を優先度付きキュー que に入れます。que が空になるまで、次の処理を繰り返します：que から（暫定距離 cost, ノード番号 u) を取り出し、u を最短経路木に含め、u に隣接するノード v の暫定距離を更新します。このとき、(v の暫定距離, v) を que に追加します。

```
# T: 最短経路木
# グラフ g と始点 s
dijkstra(g, s):
    PriorityQueue que        #( 暫定距離 , ノード番号 ) を要素とした優先度付きキュー

    for v ← 0 to g.N-1:
        dist[v] ← INF

    dist[s] ← 0
    que に (0, s) を挿入する

    while not que.empty():
        cost, u ← que.extractMin() # 得られた組の要素をそれぞれ cost, u に代入

        if dist[u] < cost: continue

        T に u を含める

        for e in g.adjLists[u]:
            if e.v が T に含まれる : continue
            if dist[e.v] > dist[u] + e.weight
                dist[e.v] ← dist[u] + e.weight
                que に (dist[e.v], e.v) を挿入する
                parent[e.v] ← u
```

　ヒープ（優先度付きキュー）を用いたダイクストラのアルゴリズムでは、最適な要素をヒープから取り出すために $O(N \log N)$、暫定距離を更新してヒープに要素を追加するために $O(M \log N)$ の計算が必要になるため、全体のオーダーは $O((N+M) \log N)$ となります。

　ダイクストラのアルゴリズムは、効率的ですが、負の重みのエッジを持つグラフに対しては正しく動作しないため注意が必要です。

特徴　ヒープを用いたダイクストラのアルゴルリズムは効率が良く、実用的な大きなグラフに対しても適用することができます。ダイクストラのアルゴリズムは、地図を用いた情報システムにおける経路検索に代表されるように、様々なアプリケーションに現れます。また、最短経路問題を解決するアルゴリズムは、ネットワークなど物理的な分野のみではなく、スケジューリング、ソーシャルネットワーク、経路計画、為替、ゲームなど、実社会のアプリケーションに幅広く応用されています。

26-3 ベルマンフォードのアルゴリズム

★★★
★★★
★★★

最短経路（負のエッジ）Shortest Path on Graph with Negative Weight

　問題によっては重み付きグラフのエッジが負の値を持つことを想定しなければなりません。このようなグラフに対して、適用するアルゴリズムが正しく動くか検証することも重要になります。

重み付きグラフと始点・終点が与えられたとき、始点から終点への最短距離を求めてください。

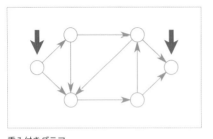

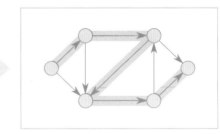

重み付きグラフ
ノードの数 N ≤ 1,000
エッジの数 M ≤ 2,000
-10,000 < エッジの重み ≤ 10,000

始点から終点への最短距離

ベルマンフォードのアルゴリズム Bellman-Ford's Algorithm

　ベルマンフォードのアルゴリズムは、エッジの走査を一定回数行って、暫定最短距離を更新していきます。

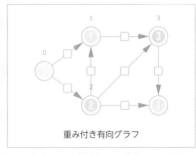

重み付き有向グラフ

▨	始点から各ノードへの最短距離	dist
☐	ノード間の距離	weight

アルゴリズム・アニメーション →

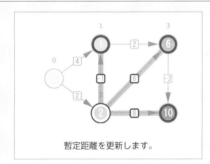

暫定距離を更新します。

始点の初期化

◍	始点の暫定距離を 0 に初期化します。	dist[s] ← 0
●	その他のノードの暫定距離を大きな値に設定します。	dist[v] ← INF

距離の更新

●	暫定距離を更新します。
	`if dist[e.v] > dist[u] + e.weight` `    dist[e.v] ← dist[u] + e.weight`

最短距離を出力

○	始点からの最短距離を出力します。

始点の初期化

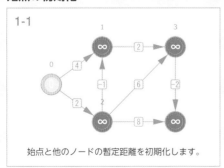

1-1

始点と他のノードの暫定距離を初期化します。

距離の更新

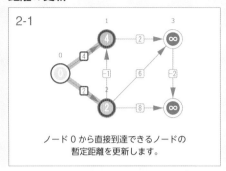

2-1

ノード 0 から直接到達できるノードの
暫定距離を更新します。

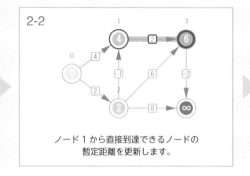

2-2

ノード 1 から直接到達できるノードの
暫定距離を更新します。

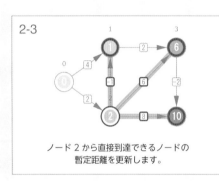

2-3

ノード 2 から直接到達できるノードの
暫定距離を更新します。

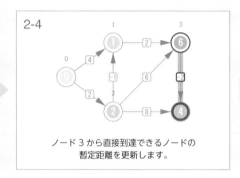

2-4

ノード 3 から直接到達できるノードの
暫定距離を更新します。

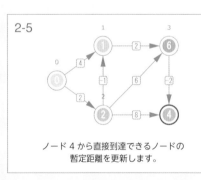

2-5

ノード 4 から直接到達できるノードの
暫定距離を更新します。

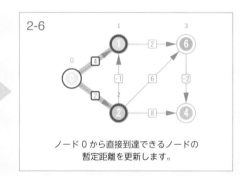

2-6

ノード 0 から直接到達できるノードの
暫定距離を更新します。

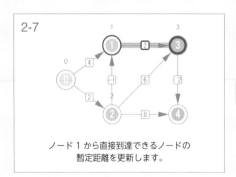

2-7

ノード 1 から直接到達できるノードの
暫定距離を更新します。

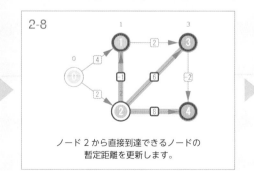

2-8

ノード 2 から直接到達できるノードの
暫定距離を更新します。

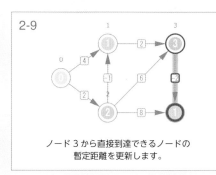

2-9

ノード 3 から直接到達できるノードの
暫定距離を更新します。

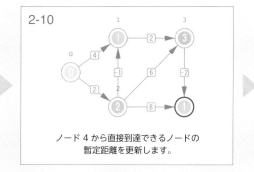

2-10

ノード 4 から直接到達できるノードの
暫定距離を更新します。

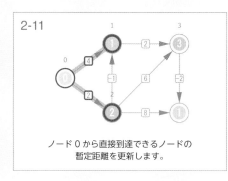

2-11

ノード 0 から直接到達できるノードの
暫定距離を更新します。

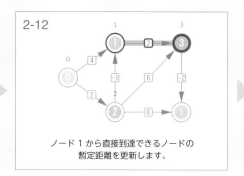

2-12

ノード 1 から直接到達できるノードの
暫定距離を更新します。

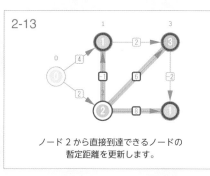

2-13

ノード 2 から直接到達できるノードの
暫定距離を更新します。

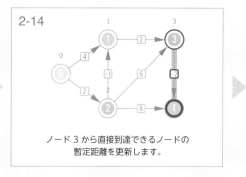

2-14

ノード 3 から直接到達できるノードの
暫定距離を更新します。

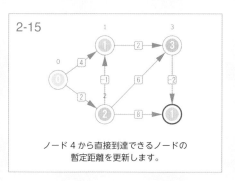

2-15

ノード 4 から直接到達できるノードの
暫定距離を更新します。

最短距離を出力

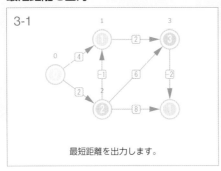

最短距離を出力します。

　ベルマンフォードのアルゴリズムは、ダイクストラのアルゴリズムと同様に、始点からの各ノード i までの暫定最短距離 dist[i] を更新していき、アルゴリズムが終了したときに最短距離が確定します。ダイクストラのアルゴリズムが、選択された最適なノードに隣接するノードの暫定距離を更新するのに対して、ベルマンフォードのアルゴリズムは、これを全てのエッジを走査する処理を繰り返すことで行います。

　全てのエッジ (u, v) について、dist[v] と dist[u] + weight[u][v] を比較し、dist[v] を小さい方に更新していきます。この処理を、すべてのノードの dist[i] が確定するまで行いますが、N-1 回行えば最適解が保障されます。

　最短経路問題では、暫定距離が負になるような、いわゆる負のサイクルが発生してはいけません（無限に距離を減らすことができるため）。ベルマンフォードのアルゴリズムは、このような負のサイクルを検出することができます。これは、全てのエッジを走査する繰り返し処理において、N 回目の繰り返しで dist の更新が発生したかどうかで検出することができます。

　また、ダイクストラのアルゴリズムと同様に、暫定距離の更新時に親を記録しておけば、最短経路木を構築することができます。

```
# グラフ g と始点 s
# 負のサイクルがある場合 True を返す
bellmanFord(g, s):
    for v ← 0 to g.N-1:
        dist[v] ← INF

    dist[s] ← 0

    for t ← 0 to N-1:
        updated ← False
        for u ← 0 to g.N-1:
            if dist[u] = INF: continue
            for e in g.adjLists[u]:
                if dist[e.v] > dist[u] + e.weight
                    dist[e.v] ← dist[u] + e.weight
                    updated ← True
                    if t = N-1:
                        return True    # 負のサイクルを検知

        if not updated: break          # 更新がなければ終了
    return false                       # 負のサイクルは存在しない
```

　グラフに含まれる M 個のエッジを合計 N 回操作するので、ベルマンフォードのアルゴリズムのオーダーは O(NM) となります。暫定距離の更新が止まったら処理が打ち切られるため、グラフの形状とエッジの重みの特性によっては、高速に動作します。

特徴　ベルマンフォードのアルゴリズムは、ダイクストラのアルゴリズムと比べると計算効率は劣りますが、負の重みのエッジがあるグラフを扱うアプリケーションに活用することができます。

26-4 ワーシャルフロイドのアルゴリズム ★★★

全点対間最短経路 All Pairs Shortest Path

重み付き有向グラフの隣接行列から、ノードの全ての組についての、最短距離を表す行列を求めてください。

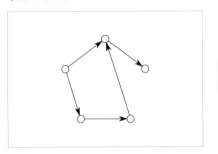

重み付き有向グラフ
ノードの数 N ≤ 100

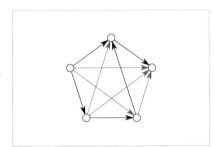

全点対間最短経路の距離

ワーシャルフロイドのアルゴリズム Warshall Floyd's Algorithm

ワーシャルフロイドのアルゴリズムは、グラフの隣接行列を、全てのノードの組 (i, j) 間の最短距離を表す行列に変換します。

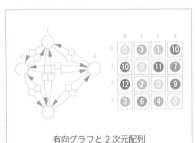

有向グラフと 2 次元配列

	ノード間の距離	dist

アルゴリズム・アニメーション →

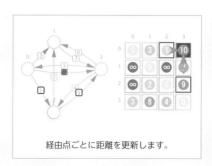

経由点ごとに距離を更新します。

隣接行列の初期化		
▨	行列を作ります。	
行列の更新		
■	距離を更新します。	
	dist[i][j] ← dist[i][k] + dist[k][j]	
	経由点を表します。	k
出力		
☐	行列を出力します。	

隣接行列の初期化

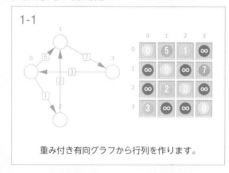

重み付き有向グラフから行列を作ります。

行列の更新

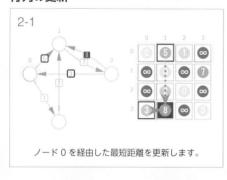

ノード 0 を経由した最短距離を更新します。

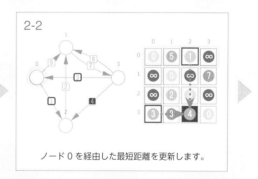

ノード 0 を経由した最短距離を更新します。

26
-
4

ワーシャルフロイドのアルゴリズム

355

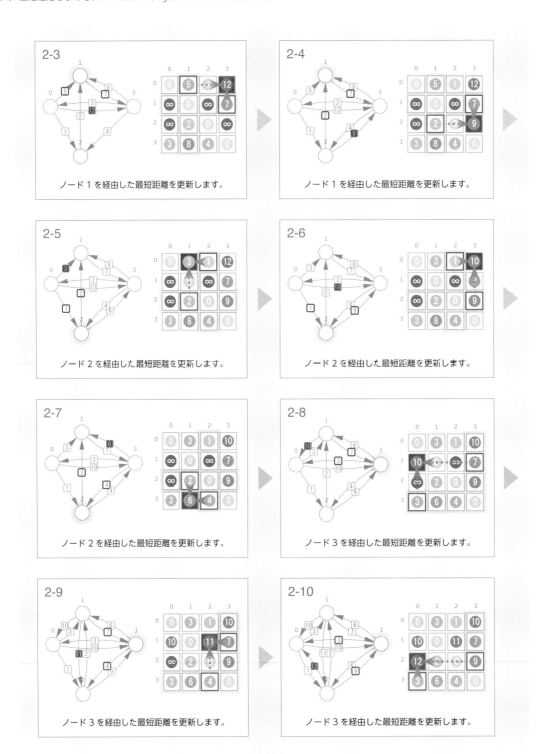

2-3

ノード 1 を経由した最短距離を更新します。

2-4

ノード 1 を経由した最短距離を更新します。

2-5

ノード 2 を経由した最短距離を更新します。

2-6

ノード 2 を経由した最短距離を更新します。

2-7

ノード 2 を経由した最短距離を更新します。

2-8

ノード 3 を経由した最短距離を更新します。

2-9

ノード 3 を経由した最短距離を更新します。

2-10

ノード 3 を経由した最短距離を更新します。

出力

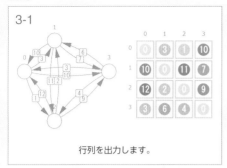

行列を出力します。

　ワーシャルフロイドのアルゴリズムは、2次元配列 dist の要素 dist[i][j] がノード i からノード j への最短距離となるような、N × N の行列を生成します。最初 dist は与えられるグラフの隣接行列と同じです。

　ワーシャルフロイドのアルゴリズムは、中間点 k (k=0, 1, ..., N-1) について、ノード i からノード j までの最短距離を更新していきます。ノード k について最短距離を更新するときは、すでにノード 0, 1, 2, ... k-1 を中間点とした距離が計算済みになっています。各始点・終点の組 (i, j) について、i から j への最短経路に k が含まれない場合は、dist[i][j] の値が維持されます。一方、i から j への最短経路に k が含まれる場合は、dist[i][k] + dist[k][j] が dist[i][j] よりも小さくなり、dist[i][j] は dist[i][k] + dist[k][j] に更新されます。

　ワーシャルフロイドのアルゴリズムは、ベルマンフォードのアルゴリズムと同様、負の重みをもつグラフに対しても適用することができ、負の閉路を検知することができます。アルゴリズムが終了した時点で、あるノードに着目したとき、それ自身への最短距離が負になっていれば、そのグラフに負の閉路が存在すると判断することができます。

```
warshallFloyd(g):
    dist ← g の隣接行列

    for k ← 0 to g.N-1:
        for i ← 0 to g.N-1:
            for j ← 0 to g.N-1:
            if dist[i][j] > dist[i][k] + dist[k][j]:
                dist[i][j] ← dist[i][k] + dist[k][j]
```

N 個の経由点に対して、全てのノードの組（N × N）だけ距離の更新が行われる可能性があるので、ワーシャルフロイドのアルゴリズムのオーダーは O(N^3) となります。

> **特徴**　ワーシャルフロイドのアルゴリズムは、シンプルに実装することができますが、強力なアルゴリズムです。グラフのサイズは限られてしまいますが、全ての始点・終点の組に対する最短経路を求める問題、負の重みをもつグラフに対する問題、ノード間の到達性を調べるアプリケーションなどに応用することができます。

最短経路のアルゴリズム：比較表

アルゴリズム	計算量	距離	テクニック
幅優先探索		単一始点から全てのノードへの最短経路（エッジ数）	キュー
ダイクストラのアルゴリズム（線形探索）		単一始点から全てのノードへの最短経路 ※負の重みがあってはならない	
ダイクストラのアルゴリズム		単一始点から全てのノードへの最短経路 ※負の重みがあってはならない	優先度付きキュー
ベルマンフォードのアルゴリズム		単一始点から全てのノードへの最短経路 負の重みがあってもよい 負のサイクルを検出可能	
ワーシャルフロイドのアルゴリズム		全点対間の最短経路 負の重みがあってもよい 負のサイクルを検出可能	

27章

計算幾何学
(Computational Geometry)

　計算幾何学は、幾何学的な問題を解決するためのアルゴリズムを研究する学問で、コンピュータグラフィックス、地図情報システム、ゲーム、ロボットなど、多くのアプリケーションを持ちます。

　この章では、計算幾何学の中でも基本的な構造である2次元の点群に対するアルゴリズムを獲得します。

・ギフトラッピング
・グラハムスキャン
・アンドリューのアルゴリズム

27-1 ギフトラッピング

点の凸包　Convex Hull

　点の凸包とは、全ての点を含む面積が最小の凸多角形を求めることです。凸多角形とは、内部に凹んでいない多角形です。

与えられた点の集合の、凸包を求めてください。

平面上の点群
・点の数 N ≤ 1,000

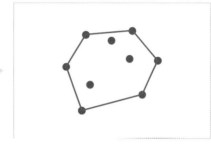

点を全て包む面積最小の凸多角形

ギフトラッピング　Gift Wrapping

　ギフトラッピング法は、品物をラッピングするように、凸包の辺を 1 つずつ追加していく素朴なアルゴリズムです。

2 次元点群

※このアルゴリズムでは、ノードに関連付けられる変数を使いません。主に、2 次元点群構造に含まれる点の (x, y) 座標を扱います。

アルゴリズム・アニメーション →

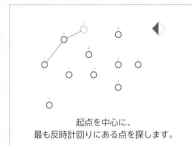

起点を中心に、
最も反時計回りにある点を探します。

凸包の構築		
	最も左にある点を探します。	
	起点を中心に、最も反時計回りにある点を選択します。	
	選ばれた点を指します。	t
	点を凸包に追加します。	
―	凸包の辺を確定していきます。	

選ばれた点を凸包に追加し、
新たな起点とします。

凸包の構築

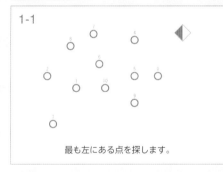

1-1

最も左にある点を探します。

1-2

最も左にある点を凸包に追加します。

1-3

起点を基準に
最も反時計回りの位置にある点を探します。

1-4

選ばれた点を凸包に追加します。

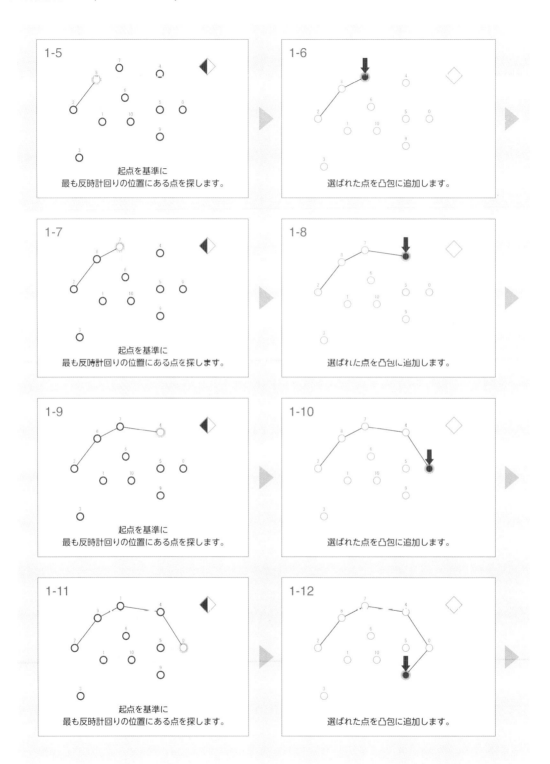

1-5 起点を基準に
最も反時計回りの位置にある点を探します。

1-6 選ばれた点を凸包に追加します。

1-7 起点を基準に
最も反時計回りの位置にある点を探します。

1-8 選ばれた点を凸包に追加します。

1-9 起点を基準に
最も反時計回りの位置にある点を探します。

1-10 選ばれた点を凸包に追加します。

1-11 起点を基準に
最も反時計回りの位置にある点を探します。

1-12 選ばれた点を凸包に追加します。

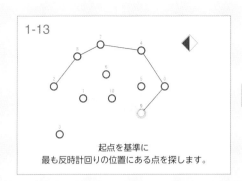

1-13

起点を基準に
最も反時計回りの位置にある点を探します。

1-14

選ばれた点を凸包に追加します。

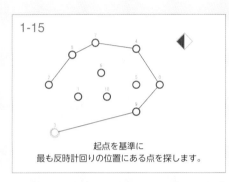

1-15

起点を基準に
最も反時計回りの位置にある点を探します。

1-16

選ばれた点を凸包に追加します。

1-17

凸包が完成しました。

ギフトラッピング法または Jarvis's アルゴリズムは、凸包を形成する辺を、線形探索で探していくアルゴリズムです。

まず、凸包に必ず含まれる点として始点を1つ選びます。始点として、x 座標が最も小さいもの（最も左にあるもの）、そのような点が複数ある場合は、その中で y 座標が最も小さいものを選びます。

続いて、この始点から凸包に含まれる辺を繋げていきます。凸包の最後に追加された辺の端点を head とします。最初は始点が head です。各ステップで、head を中心として、最も反時計回りの角度をなす辺を探し、その端点 t を凸包に含めます。続いて点 t を head として同じ処理を繰り返します。head が始点に到達したとき凸包が完成します。

```
#  2次元点群 PointGroup pg
giftWrapping(pg):
    head ← pg.points の最も左の点の番号
    f ← head  # 最終点をメモ

    while True:
        t ← pg.points の中で点 head を起点として最も反時計回りの位置にある点の番号
        点 t を凸法に追加する
        head ← t;
        if head = f:
            break  # 始点に戻ってきたら終了
```

ギフトラッピング法の計算量は、入力の点の状態に依存します。得られる凸包の辺の数を H とすると、各辺を追加するために N 個の点について線形探索を行うので、オーダーは O(HN) となります。

特徴　ギフトラッピング法は、凸包の辺の数が比較的少ない入力に対して効率よく動作しますが、凸包に含まれる点（辺）の数が多いアプリケーションには適用が難しくなります。

グラハムスキャン

★ ★ ★
★ ★

点の凸包 Convex Hull

より大規模な点の集合に対して、凸包を求めてみましょう。

与えられた点の集合の、凸包を求めてください。

平面上の点群
点の数 N ≤ 100,000

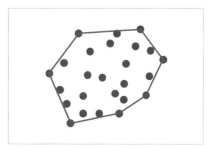

点を全て包む面積最小の凸多角形

 グラハムスキャン Graham Scan

　グラハムスキャンは、スタックの特徴を活かし、凸包の辺上の点を、始点から反時計回りに決定していきます。

2次元点群

※このアルゴリズムでは、ノードに関連付けられる変数を使いません。主に、2次元点群構造に含まれる点の (x, y) 座標を扱います。

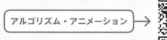 アルゴリズム・アニメーション →

点の位置関係を調べます。

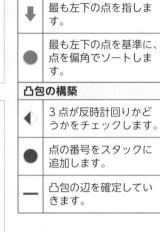

点の整列と始点の決定		
◀	最も左下の点を探します。	
⬇	最も左下の点を指します。	
⬤	最も左下の点を基準に、点を偏角でソートします。	
凸包の構築		
◀	3 点が反時計回りかどうかをチェックします。	
⬤	点の番号をスタックに追加します。	st.push(head)
―	凸包の辺を確定していきます。	

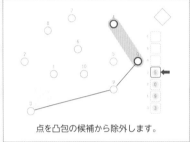

点を凸包の候補から除外します。

点を凸包の候補に含めます。

点の整列と始点の決定

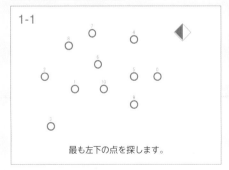

1-1 最も左下の点を探します。

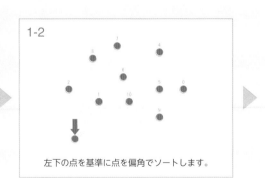

1-2 左下の点を基準に点を偏角でソートします。

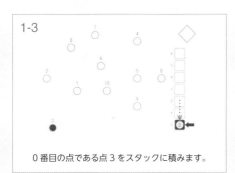

1-3

0 番目の点である点 3 をスタックに積みます。

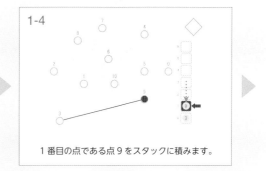

1-4

1 番目の点である点 9 をスタックに積みます。

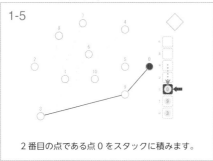

1-5

2 番目の点である点 0 をスタックに積みます。

凸包の構築

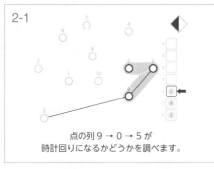

2-1

点の列 9 → 0 → 5 が
時計回りになるかどうかを調べます。

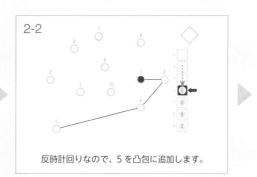

2-2

反時計回りなので、5 を凸包に追加します。

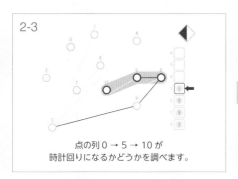

2-3

点の列 0 → 5 → 10 が
時計回りになるかどうかを調べます。

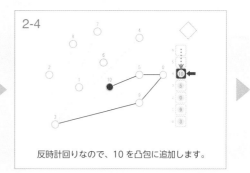

2-4

反時計回りなので、10 を凸包に追加します。

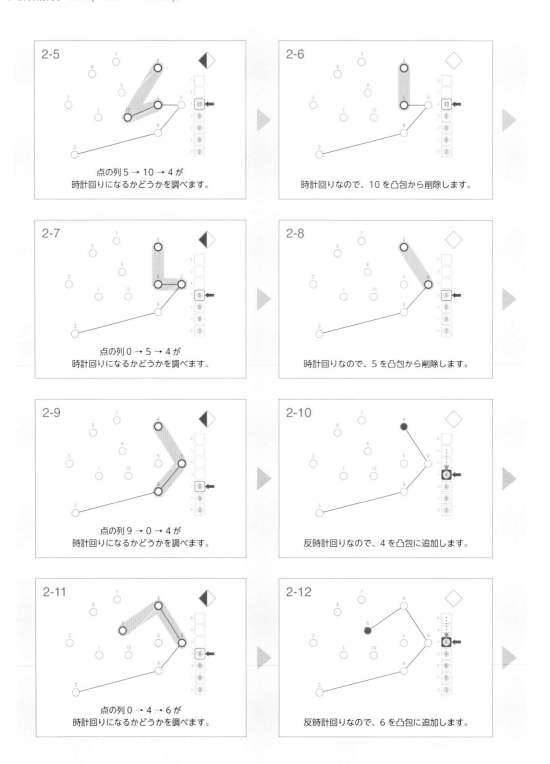

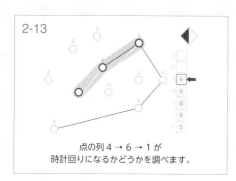

点の列 4 → 6 → 1 が
時計回りになるかどうかを調べます。

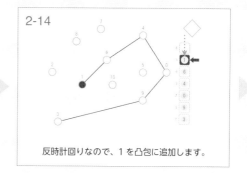

反時計回りなので、1 を凸包に追加します。

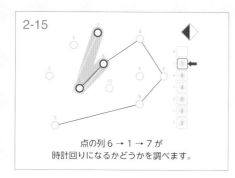

点の列 6 → 1 → 7 が
時計回りになるかどうかを調べます。

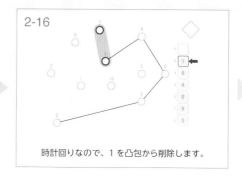

時計回りなので、1 を凸包から削除します。

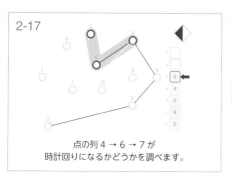

点の列 4 → 6 → 7 が
時計回りになるかどうかを調べます。

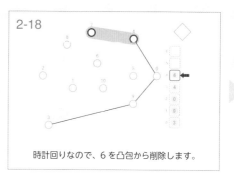

時計回りなので、6 を凸包から削除します。

点の列 0 → 4 → 7 が
時計回りになるかどうかを調べます。

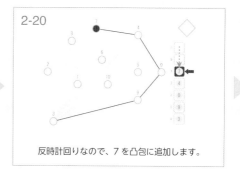

反時計回りなので、7 を凸包に追加します。

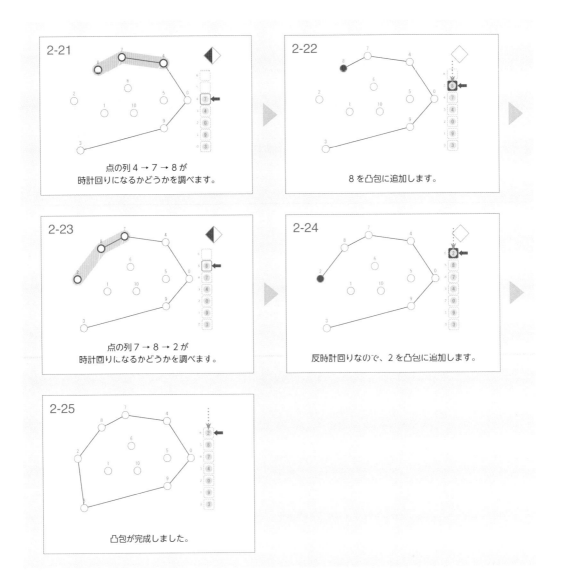

2-21
点の列 4 → 7 → 8 が
時計回りになるかどうかを調べます。

2-22
8 を凸包に追加します。

2-23
点の列 7 → 8 → 2 が
時計回りになるかどうかを調べます。

2-24
反時計回りなので、2 を凸包に追加します。

2-25
凸包が完成しました。

　グラハムスキャンは、前処理とスキャン操作の 2 つのフェーズからなります。前処理では、スキャンの始点となる点を決め、それを基準に他の点をソートします。始点として、y 座標が最も小さい点、そのような点が複数ある場合はその中で x 座標が最も小さい点を選びます。点のソートは、始点との偏角を基準に行います。偏角が同じ場合は、始点との距離が近い方を優先します。続いて、始点を含めた最初の 3 点を凸包に含め、これらをこの順番でスタックに積んでおきます。

　グラハムスキャンの本体は、凸包上の点の候補をスタックに積んでいき、最終的にスタックの中に残っている点を凸包として完成させます。前処理によって偏角でソートされた点を順番

に、凸包の点の候補として調べていきます。現在見ている点を head とします。head を凸包に追加する前に、スタックの上から 2 番目の点 top2、頂点の点 top、head の 3 点の位置関係を調べ、top2 → top に対して head が時計回りの位置にいる限り、スタックから top を削除していきます。head が反時計回りの位置にきたとき、つまり凸包を形成するとき、head を凸包に含めスタックに積みます。

```
# 2次元点群 PointGroup pg
grahamScan(pg):
    Stack st
    leftmost ← pg.points の最も左下の点
    orderedIndex ← pg.points を leftmost を基準に偏角でソートしたインデックスの列

    st.push(orderedIndex[0])
    st.push(orderedIndex[1])
    st.push(orderedIndex[2])

    for i ← 3 to pg.N-1:
        head ← orderedIndex[i]

        while st.size() ≥ 2:
            top2 ← st の頂点の下の値
            top ← st の頂点の値
            if pg.points[top2] と pg.points[top] がなす直線に対して
               pg.points[head] が右側にある（時計回り）:
                st.pop()
            else:
                break
        st.push(head)
```

グラハムスキャンの凸包の点を選ぶ処理において、各点がスタックに挿入されるのは高々 1 回なので、オーダーは O(N) となります。ただし、偏角でソートする部分が最も計算量に影響するため、グラハムスキャンのオーダーはソートのアルゴリズムに依存し O(N log N) となります。

特徴　点の凸包を実現するグラハムスキャンは、計算幾何学、画像処理、コンピュータビジョン・グラフィックス、ゲームの分野で多くのアプリケーションを持ちます。例えば、物体の認識、物体の衝突判定処理、マップ上の経路計画などの前処理として応用することができます。

27-3 アンドリューのアルゴリズム ★★★

点の凸包 Convex Hull

より大規模な点の集合に対して、凸包を求めてみましょう。

与えられた点の集合の、凸包を求めてください。

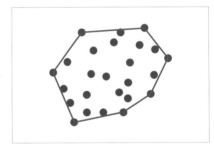

平面上の点群
・点の数 N ≤ 100,000

点を全て包む面積最小の凸多角形

アンドリューのアルゴリズム Andrew's Algorithm

アンドリューのアルゴリズムは、凸包の上部と下部をそれぞれ構築し、全体の凸包を完成させます。点の選択はスタックの特徴を活かし、凸包の辺上の点を、時計回りに決定していきます。

2次元点群

※このアルゴリズムでは、ノードに関連付けられる変数を使いません。主に、2次元点群構造に含まれる点の (x, y) 座標を扱います。

アルゴリズム・アニメーション →

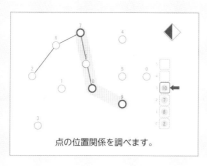

点の位置関係を調べます。

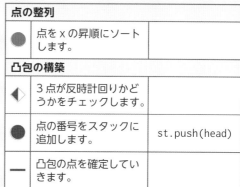

点の整列		
⬤	点を x の昇順にソートします。	
凸包の構築		
◀	3 点が反時計回りかどうかをチェックします。	
⬤	点の番号をスタックに追加します。	st.push(head)
—	凸包の点を確定していきます。	

アンドリューのアルゴリズム

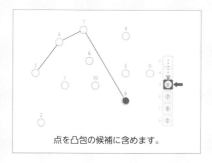

点を凸包の候補から除外します。

点を凸包の候補に含めます。

点の整列

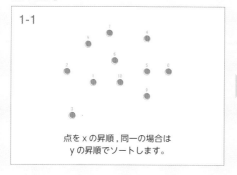

1-1

点を x の昇順 , 同一の場合は
y の昇順でソートします。

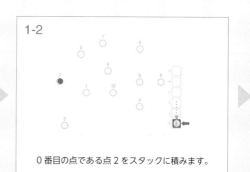

1-2

0 番目の点である点 2 をスタックに積みます。

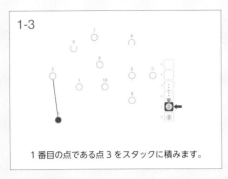

1 番目の点である点 3 をスタックに積みます。

凸包の構築

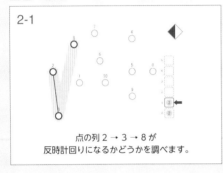

点の列 2 → 3 → 8 が
反時計回りになるかどうかを調べます。

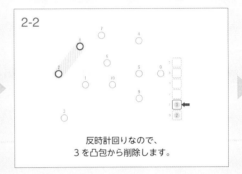

反時計回りなので、
3 を凸包から削除します。

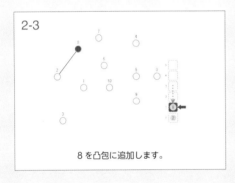

8 を凸包に追加します。

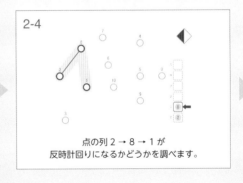

点の列 2 → 8 → 1 が
反時計回りになるかどうかを調べます。

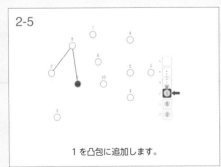

1 を凸包に追加します。

点の列 8 → 1 → 7 が
反時計回りになるかどうかを調べます。

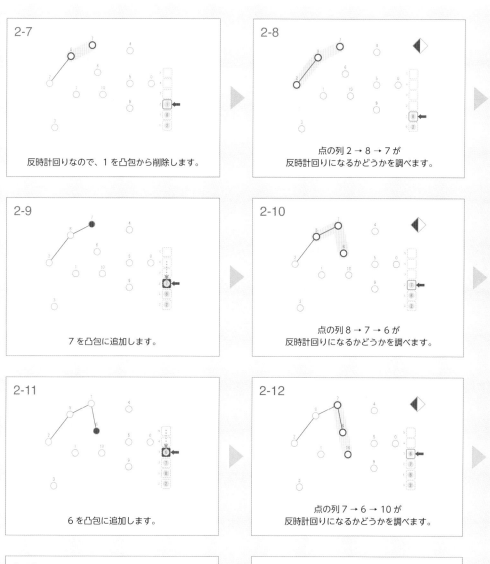

2-7

反時計回りなので、1 を凸包から削除します。

2-8

点の列 2 → 8 → 7 が
反時計回りになるかどうかを調べます。

2-9

7 を凸包に追加します。

2-10

点の列 8 → 7 → 6 が
反時計回りになるかどうかを調べます。

2-11

6 を凸包に追加します。

2-12

点の列 7 → 6 → 10 が
反時計回りになるかどうかを調べます。

2-13

反時計回りなので、6 を凸包から削除します。

2-14

点の列 8 → 7 → 10 が
反時計回りになるかどうかを調べます。

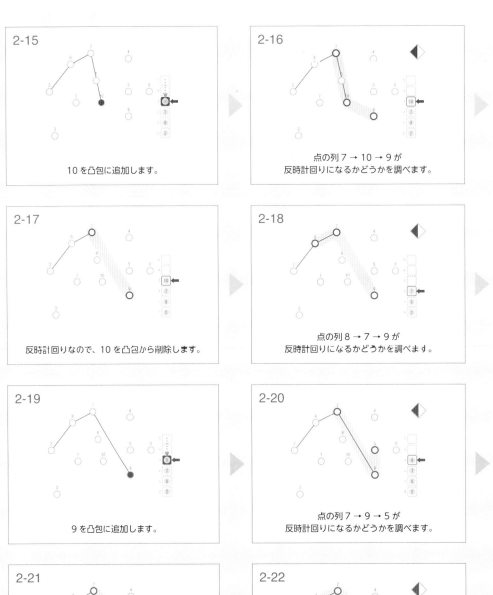

2-15
10 を凸包に追加します。

2-16
点の列 7 → 10 → 9 が
反時計回りになるかどうかを調べます。

2-17
反時計回りなので、10 を凸包から削除します。

2-18
点の列 8 → 7 → 9 が
反時計回りになるかどうかを調べます。

2-19
9 を凸包に追加します。

2-20
点の列 7 → 9 → 5 が
反時計回りになるかどうかを調べます。

2-21
反時計回りなので、9 を凸包から削除します。

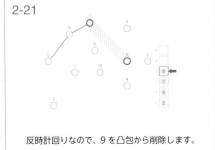

2-22
点の列 8 → 7 → 5 が
反時計回りになるかどうかを調べます。

2-23

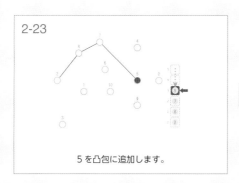

5 を凸包に追加します。

2-24

点の列 7 → 5 → 4 が
反時計回りになるかどうかを調べます。

2-25

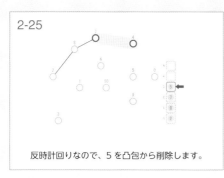

反時計回りなので、5 を凸包から削除します。

2-26

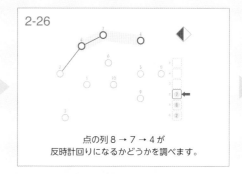

点の列 8 → 7 → 4 が
反時計回りになるかどうかを調べます。

2-27

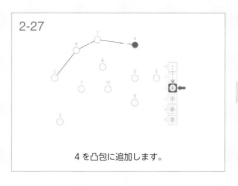

4 を凸包に追加します。

2-28

点の列 7 → 4 → 0 が
反時計回りになるかどうかを調べます。

2-29

0 を凸包に追加します。

　ここでは、凸包の上部を求めるアルゴリズムを解説します。まず、全ての点を、x 座標が小さい点、そのような点が複数ある場合はその中で y 座標が最も小さい点、を基準として昇順に整列します。続いて、点の列の最初の 2 点を凸包に含め、これらをこの順番でスタックに積んでおきます。

　アンドリューのアルゴリズムは、凸包上の点の候補をスタックに積んでいき、最終的にスタックの中に残っている点が凸包を形成します。ソートされた点を順番に、凸包の点の候補として調べていきます。現在見ている点を head とします。head を凸包に追加する前に、スタックの上から 2 番目の点 top2、頂点の点 top、head の 3 点の位置関係を調べ、top2 → top に対して head が反時計回りの位置にある限り、スタックから top を削除していきます。head が時計回りの位置にきたとき、つまり凸包を形成するとき、head を凸包に含めスタックに積みます。

　凸包の下部についても同様の手順で求めることができます。下部については、点を x 座標の降順でソートし、最も右の点からスキャンすることで、時計回りに凸包を求める、上と同様のアルゴリズムを適用することができます。

```
# 2次元点群 PointGroup pg
andrewScan(pg):
    Stack st
    orderedIndex ← pg.points を x を基準に、同じ場合は y を基準にソートしたインデック
                        スの列

    st.push(orderedIndex[0])
    st.push(orderedIndex[1])

    for i ← 2 to pg.N-1:
        head ← orderedIndex[i]

        while st.size() ≥ 2:
            top2 ← st の頂点の下の値
            top ← st の頂点の値
            if pg.points[top2] と pg.points[top] がなす直線に対して
                pg.points[head] が左側にある（反時計回り）:
                    st.pop()
            else:
                    break
        st.push(head)
```

アンドリューのアルゴリズムの凸包の点を選ぶ処理において、各点がスタックに挿入されるのは高々2回なので、オーダーは O(N) となります。ただし、最初に全ての点をソートする部分がネックとなるため、オーダーはソートのアルゴリズムに依存し O(N log N) となります。

28章

セグメント木
(Segment Tree)

　区間を扱うアルゴリズムの多くは、1次元配列構造に基づいていますが、サイズが大きく異なる区間に関する大量の操作・質問に高速に対応するためには、その構造に工夫が必要になってきます。1次元に見える区間の操作も、これまで見てきた多くのアルゴリズムと同様に、木構造が活躍します。

　この章では、区間をセグメント木と呼ばれる完全二分木で管理するデータ構造を獲得します。

・セグメント木：RMQ
・セグメント木：RSQ

28-1 セグメント木：RMQ

★ ★
★ ★
★ ★
★

区間最小値クエリ Range Minimum Query

　整数の列における区間に関する操作と問い合わせ（クエリ）には、様々な組み合わせがあり、応用問題も数多く存在します。ここでは、最も基本的な問題のひとつである区間最小値クエリに答える問題を解決します。

　整数の列 $a_0, a_1, ..., a_{N-1}$ に対して、以下の操作・質問に対応してください。
- a_i を x に更新する
- 間 [a, b) の最小値を報告する

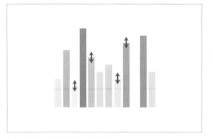

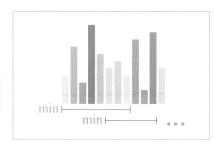

列に対する単一要素の更新
- 整数の数 N ≤ 100,000
- 質問の数 Q ≤ 100,000
- 0 ≤ x, a_i ≤ 1,000

区間に対する最小値クエリへの回答

セグメント木：RMQ Segment Tree: RMQ

　完全二分木は区間を管理するセグメント木として応用することができます。ここでは主に、セグメント木に対して区間の最小値を保持する変数を割り当てます。

	区間の最小値	minv
	指定区間の最小値として返される値 （※表示用のため配列にする必要はありません）	res

完全二分木

アルゴリズム・アニメーション →

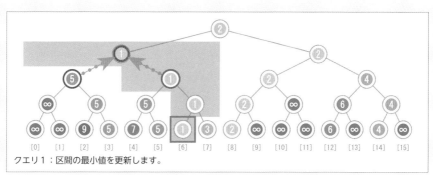

クエリ1：区間の最小値を更新します。

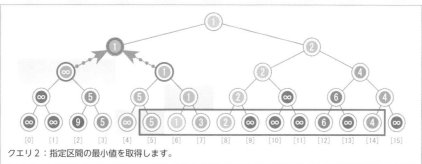

クエリ2：指定区間の最小値を取得します。

質問に対する処理		
●	区間最小値を更新します。	minv[k] ← ?
●	指定区間の最小値を決定します。	res ← ?
	更新クエリにより更新済みの区間	k の軌跡
	探索区間とクエリ区間が交わらない区間	if r ≤ a or b ≤ l:
	探索区間がクエリ区間に完全に含まれる区間	else if a ≤ l and r ≤ b:
	探索区間がクエリ区間とクエリ区間外を含む区間	else:

質問に対する処理

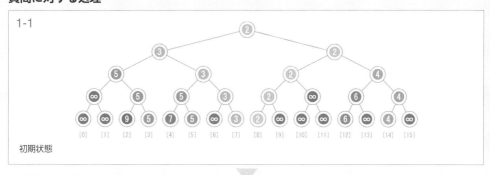

1-1

初期状態

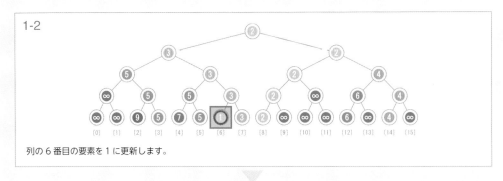

1-2

列の 6 番目の要素を 1 に更新します。

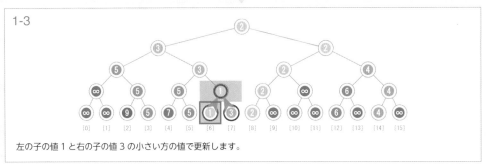

1-3

左の子の値 1 と右の子の値 3 の小さい方の値で更新します。

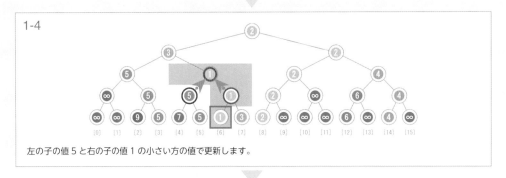

1-4

左の子の値 5 と右の子の値 1 の小さい方の値で更新します。

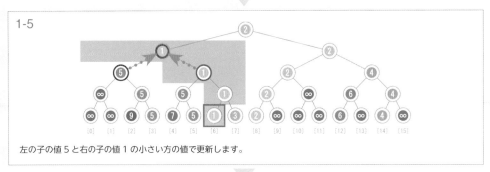

1-5

左の子の値 5 と右の子の値 1 の小さい方の値で更新します。

1-6

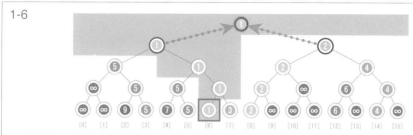

左の子の値 1 と右の子の値 2 の小さい方の値で更新します。

1-7

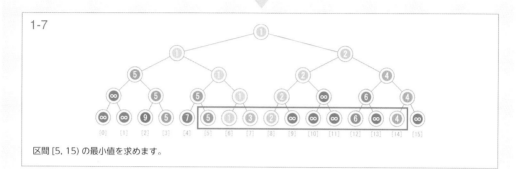

区間 [5, 15) の最小値を求めます。

1-8

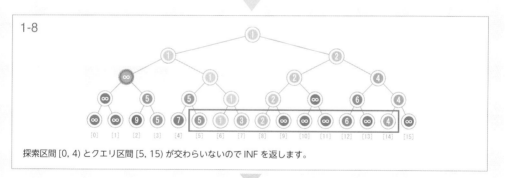

探索区間 [0, 4) とクエリ区間 [5, 15) が交わらないので INF を返します。

1-9

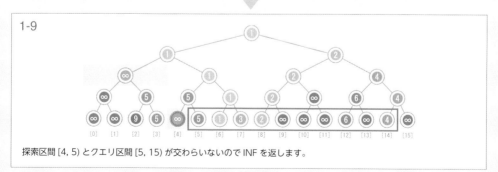

探索区間 [4, 5) とクエリ区間 [5, 15) が交わらないので INF を返します。

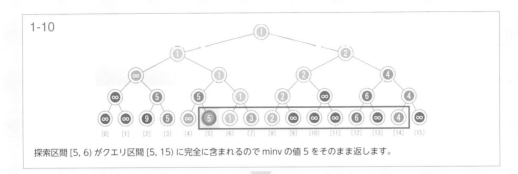

1-10

探索区間 [5, 6) がクエリ区間 [5, 15) に完全に含まれるので minv の値 5 をそのまま返します。

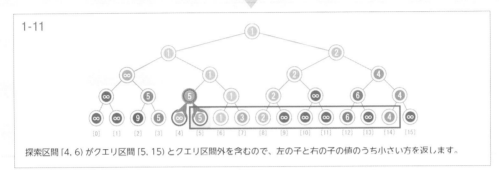

1-11

探索区間 [4, 6) がクエリ区間 [5, 15) とクエリ区間外を含むので、左の子と右の子の値のうち小さい方を返します。

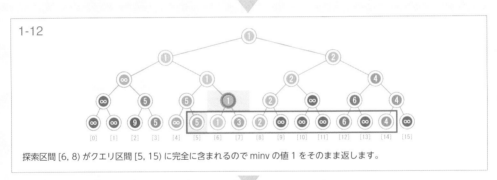

1-12

探索区間 [6, 8) がクエリ区間 [5, 15) に完全に含まれるので minv の値 1 をそのまま返します。

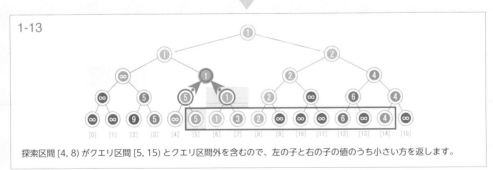

1-13

探索区間 [4, 8) がクエリ区間 [5, 15) とクエリ区間外を含むので、左の子と右の子の値のうち小さい方を返します。

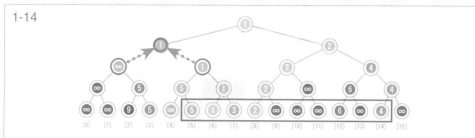

1-14

探索区間 [0, 8) がクエリ区間 [5, 15) とクエリ区間外を含むので、左の子と右の子の値のうち小さい方を返します。

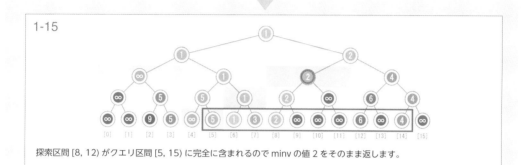

1-15

探索区間 [8, 12) がクエリ区間 [5, 15) に完全に含まれるので minv の値 2 をそのまま返します。

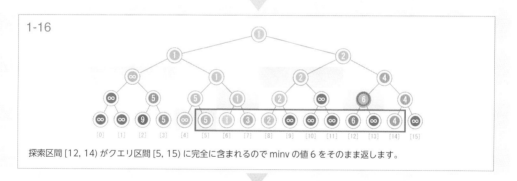

1-16

探索区間 [12, 14) がクエリ区間 [5, 15) に完全に含まれるので minv の値 6 をそのまま返します。

（1-17 から 1-21 は 省略）

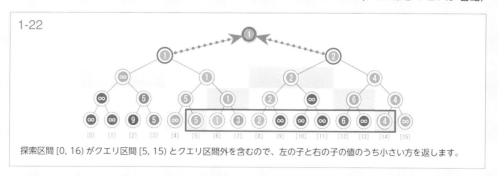

1-22

探索区間 [0, 16) がクエリ区間 [5, 15) とクエリ区間外を含むので、左の子と右の子の値のうち小さい方を返します。

　セグメント木は完全二分木です。完全二分木の葉を順番に列の要素と対応させます。木の内部ノードは、その子孫の葉を含む区間に対応します。例えば、根は列全体の区間、その左の子は列の前半、右の子は後半の区間を表します。セグメント木は、答えるクエリの種類によって、各ノードに値を保持します。1 要素の更新と区間最小値クエリ（RMQ: Range Minimum Query）に答えるためには、各ノードにその区間における最小値 minv を保持し、更新が行われた後も維持します。

　1 要素の更新クエリでは、列の指定された要素に対応する葉を起点に、根に向かって minv を更新していきます。現在のノード k の左の子と右の子の値のうち小さい方に更新します。

　区間最小値クエリでは、内部ノードの値を用いて（利用できればその子孫を調べることなく）指定された区間の値を高速に求めます。答えを求めるための探索は根から開始し、二分木の後行順巡回の要領でノードを訪問します。クエリの区間を [a, b)、現在探索中の区間を [l, r) とすると、以下の 3 つの場合に分けて答えの探索を行います：

1. [l, r) と [a, b) が交わらない
2. [l, r) が [a, b) に完全に含まれる
3. それ以外

　1. の場合は、RMQ の答えに影響しない値として INF（大きな値）を返します。2. の場合は、その区間の最小値が確定できるので、値をそのまま返します。3. の場合は、左の子と右の子に対してそれぞれ再帰的に答えを求め、小さい方を返します（同じ場合はその値）。

```
# Segment Tree for RQM
class RMQ:
    N    # 完全二分木のノード数
    n    # 列の要素数 = 葉の数
    minv # 最小値を保持する配列

    # 最低限必要な列の要素数で初期化
    init(len):
        n ← 1
        while n < len:
            n ← n*2    # 葉の数 n を 2 のべき乗にする
        N ← 2*n - 1    # 完全二分木のノード数を調整する
        for i ← 0 to N-1:
            minv[i] ← INF

    findMin(a, b):
        return query(a, b, 0, 0, n)
```

```
query(a, b, k, l, r):
    if r ≤ a or b ≤ l:
        res ← INF
    else if a ≤ l and r ≤ b:
        res ← minv[k]
    else:
        vl ← query(a, b, left(k), l, (l+r)/2)
        vr ← query(a, b, right(k), (l+r)/2, r)
        res ← min(vl, vr)

    return res

# k 番目の要素を x に書き換える
update(k, x):
    k ← k + n - 1
    minv[k] ← x

    while  k > 0:
        k ← parent(k)
        minv[k] ← min(minv[left(k)], minv[right(k)])

left(k):
    return 2*k + 1

right(k):
    return 2*k + 2

parent(k):
    return (k - 1)/2
```

　セグメント木に対する更新は、葉から根に向かってノードを辿るので、オーダーは O(log N) となります。区間最小値クエリに対する計算回数も木の高さで決まるため、オーダーは O(log N) となります。

28-2 セグメント木：RSQ

★
★
★
★

区間和クエリ Range Sum Query

整数の列における区間に関する操作と問い合わせ（クエリ）には、様々な組み合わせがあり、応用問題も数多く存在します。ここでは、最も基本的な問題のひとつである区間和クエリに答える問題を解決します。

整数の列 $a_0, a_1, ..., a_{N-1}$ に対して、以下の操作・質問に対応してください。

- a_i に x を加算する
- 区間 [a, b) の和を報告する

列に対する単一要素の加算
- 整数の数 $N \leq 100,000$
- 質問の数 $Q \leq 100,000$
- $-1,000 \leq x, a_i \leq 1,000$

区間に対する和クエリへの回答

セグメント木：RSQ Segment Tree: RSQ

セグメント木に対して区間の和を保持する変数を割り当てます。

完全二分木

	区間の和	sum
	指定区間の和として返される値 （※表示用のため配列にする必要はありません）	res

アルゴリズム・アニメーション →

クエリ１：区間の和を更新します。

質問に対する処理		
●	区間和を更新します。	sum[k] ← ?
●	指定区間の和を決定します。	res ← ?
■	更新クエリにより更新済みの区間	k の軌跡
	探索区間とクエリ区間がが交わらない区間	
	if r ≤ a or b ≤ l:	
	探索区間がクエリ区間に完全に含まれる区間	
	else if a ≤ l and r ≤ b:	
	探索区間がクエリ区間とクエリ区間外を含む区間	else:

クエリ２：指定区間の和を取得します。

質問に対する処理

1-1

初期状態

1-2

列の９番目の要素に１を加算します。

1-3

左の子の値２と右の子の値１の和で更新します。

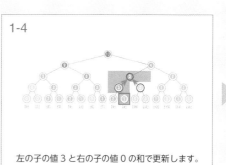

1-4

左の子の値３と右の子の値０の和で更新します。

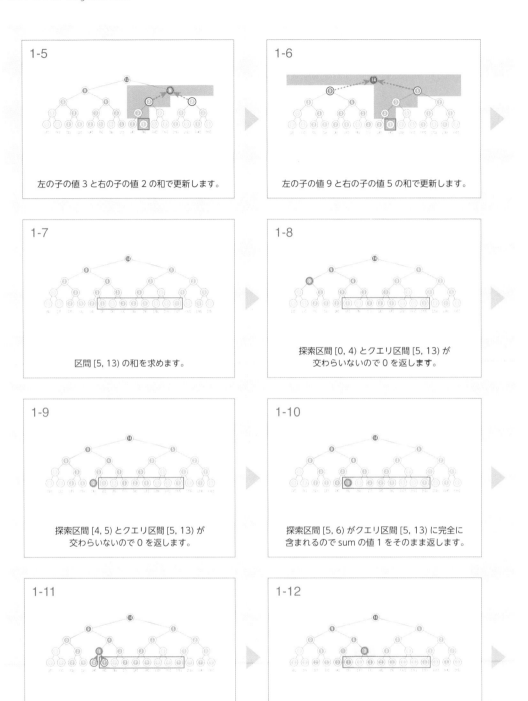

1-5

左の子の値 3 と右の子の値 2 の和で更新します。

1-6

左の子の値 9 と右の子の値 5 の和で更新します。

1-7

区間 [5, 13) の和を求めます。

1-8

探索区間 [0, 4) とクエリ区間 [5, 13) が
交わらないので 0 を返します。

1-9

探索区間 [4, 5) とクエリ区間 [5, 13) が
交わらないので 0 を返します。

1-10

探索区間 [5, 6) がクエリ区間 [5, 13) に完全に
含まれるので sum の値 1 をそのまま返します。

1-11

探索区間 [4, 6) がクエリ区間 [5, 13) とクエリ区間
外を含むので、左の子と右の子の値の和を返します。

1-12

探索区間 [6, 8) がクエリ区間 [5, 13) に完全に
含まれるので sum の値 3 をそのまま返します。

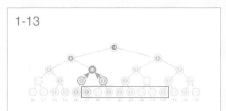

1-13

探索区間 [4, 8) がクエリ区間 [5, 13) とクエリ区間
外を含むので、左の子と右の子の値の和を返します。

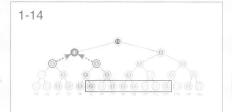

1-14

探索区間 [0, 8) がクエリ区間 [5, 13) とクエリ区間
外を含むので、左の子と右の子の値の和を返します。

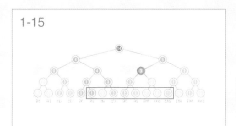

1-15

探索区間 [8, 12) がクエリ区間 [5, 13) に完全に
含まれるので sum の値 3 をそのまま返します。

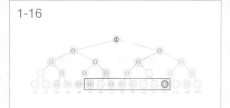

1-16

探索区間 [12, 13) がクエリ区間 [5, 13) に完全に
含まれるので sum の値 1 をそのまま返します。

（1-17 から 1-21 は 省略）

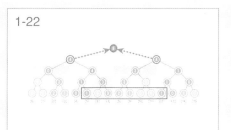

1-22

探索区間 [0, 16) がクエリ区間 [5, 13) とクエリ区間
外を含むので、左の子と右の子の値の和を返します。

　1 要素の加算・減算と区間和クエリ (RSQ: Range Sum Query) に答えるためには、各ノード
にその区間における和 sum を保持し、更新が行われた後も維持します。

　1 要素の更新クエリでは、列の指定された要素に対応する葉を起点に、根に向かって sum を
更新していきます。現在のノード k の左の子と右の子の値の和に更新します。

　区間和クエリでは、内部ノードの値を用いて（利用できればその子孫を調べることなく）指定
された区間の値を高速に求めます。[l, r) と [a, b) が交わらない場合は、RSQ の答えに影響しな
い値として 0 を返します。[l, r) が [a, b) に完全に含まれる場合は、その区間の和が確定できる
ので、値をそのまま返します。それ以外の場合は、左の子と右の子に対してそれぞれ再帰的に
答えを求め、それらの和を返します。

```
# Segment Tree for RSM
class RSQ:
    N    # 完全二分木のノード数
    n    # 列の要素数 ＝ 葉の数
    sum  # 和を保持する配列

    # 最低限必要な列の要素数で初期化
    init(len):
        n ← 1
        while n < len:
            n ← n*2    # 葉の数 n を 2 のべき乗にする
        N ← 2*n - 1    # 完全二分木のノード数を調整する
        for i ← 0 to N-1:
            sum[i] ← 0

    findSum(a, b):
        return query(a, b, 0, 0, n)

    query(a, b, k, l, r):
        if r ≤ a or b ≤ l:
            res ← 0
        else if a ≤ l and r ≤ b:
            res ← sum[k]
        else:
            vl ← query(a, b, left(k), l, (l+r)/2)
            vr ← query(a, b, right(k), (l+r)/2, r)
            res ← vl + vr

        return res

    # k 番目の要素に x を加算する
    update(k, x):
        k ← k + n - 1
        sum[k] ← sum[k] + x

        while  k > 0:
            k ← parent(k)
            sum[k] ← sum[left(k)] + sum[right(k)]

    left(k):
        return 2*k + 1

    right(k):
        return 2*k + 2

    parent(k):
        return (k - 1)/2
```

　　RMQ のためのセグメント木と同様に、1 要素に対する更新も区間和クエリも、オーダーは $O(\log N)$ となります。

29章

探索木
(Search Tree)

　探索木とは、キーを探すために使用される木構造で、集合や辞書の機能を提供するデータ構造に応用されます。探索木をはじめ、リストやハッシュなど、辞書の機能を提供することができるデータ構造は様々ですが、それぞれに特長や欠点があります。メモリを無駄なく使いかつ検索の効率を上げ、さらに要素の順序を維持するためには、多くの工夫が必要になります。

　この章では、工夫がこらされた探索木で、効率的な「整列された辞書」の機能を提供する高度なデータ構造を獲得します。

・二分探索木
・回転
・トリープ

29-1 二分探索木

★
★
★
★
★

整列された辞書 Sorted Dictionary

　辞書の内容を常に整列して管理しておくことで、より柔軟に、様々な問い合わせに答えることができるようになります。

　データの検索・追加・削除に加え、整列済みの要素の管理・提供を行う、辞書のデータ構造を実装してください。ここでは、キーと値をまとめ、データの実態としてキーのみを扱うものとします。

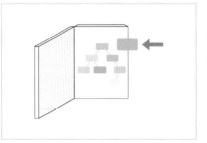

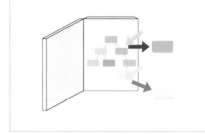

整列された辞書に対する検索・追加・削除操作
・ 操作・問い合わせの数 Q ≤ 100,000
・ 0 ≤ キー ≤ 1,000,000,000

問い合わせへの回答と整列された要素の出力

二分探索木 Binary Search Tree

　二分探索木は、各ノードにキーを持ち、次に示す「二分探索木条件」を常に満たすような探索木です。：

　x を二分探索木に属するノード、y を x の左部分木に属するノード、z を x の右部分木に属するノードとすると、y のキー ≤ x のキー ≤ z のキー

　ここでは主に、二分探索木にキーを追加するためのアルゴリズムについて解説します。

動的な二分木

	辞書に格納するキー	key

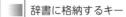

アルゴリズム・アニメーション →

追加するキーの挿入場所を探索します。

データの検索・挿入

	現在地のキーと比較し、左に降りるか右に降りるか判断します。	
◀	if data < x.key:	
↓	選ばれた子を指します。	x
●	キーを設定したノードを生成し挿入します。	insert(data):の後半

キーの出力

○	中間順巡回でキーを順番に出力します。	inorder(u):

探索を終了し、
キーを設定したノードを挿入します。

データの検索・挿入

1-1

11 を挿入します。

1-2

根のキー 6 と比較します。

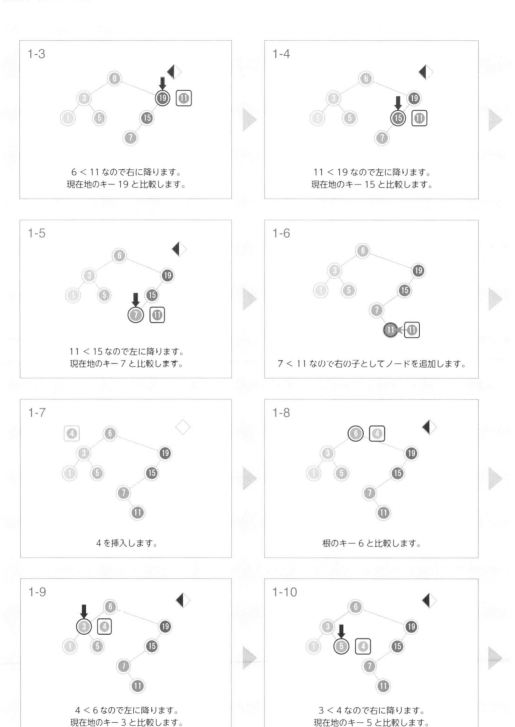

1-3

6 < 11 なので右に降ります。
現在地のキー 19 と比較します。

1-4

11 < 19 なので左に降ります。
現在地のキー 15 と比較します。

1-5

11 < 15 なので左に降ります。
現在地のキー 7 と比較します。

1-6

7 < 11 なので右の子としてノードを追加します。

1-7

4 を挿入します。

1-8

根のキー 6 と比較します。

1-9

4 < 6 なので左に降ります。
現在地のキー 3 と比較します。

1-10

3 < 4 なので右に降ります。
現在地のキー 5 と比較します。

1-11

4＜5なので左の子としてノードを追加します。

キーの出力

2-1

中間順巡回で、キーを順番に出力します。

　二分探索木へ新しいキーを追加する操作では、ノードを生成して二分探索木条件を満たすように正しい位置に挿入する必要があります。与えられたキーを含む新しいノードは、既存の二分探索木の葉のいずれかの子になります。追加するノードの位置は、根から探索を開始し、現在地のノードのキーと与えられたキーを比較し、与えられたキーの方が小さければ左部分木に降り、そうでなければ右部分木に降りていきます。葉に到達したとき（子がないとき）、ここでもキーの大小関係からどちらの子になるかを判断し、キーを設定したうえでノードを追加します。

　この挿入アルゴリズムは、与えられたキーを探索する場合にも容易に応用することができます。

　整列されたキーを維持する二分探索木の特長のひとつは、木に対して中間順巡回を行うと、キーの昇順でキーの列が得られることです。さらに、指定された要素の位置が特定できるため、操作の幅が広がります。また、最小値や最大値を求めることも容易です。

```
# 動的な二分木のノード
class Node:
    Nodc *parent
    Node *left
    Node *right
    key

# 動的な二分木
class BinaryTree:
    Node *root

    insert(data):
        Node *x ← root     # 根から探索を開始
        Node *y ← NULL    # x の親

        # 新しいノードの親を決定
        while x ≠ NULL:
            y ← x # 親を設定
            if data < x.key:
                x ← x.left      # 左の子へ移動
            else:
                x ← x.right    # 右の子へ移動

        # ノードを生成してポインタを設定
        Node *z ← ノードを生成
        z.key ← data
        z.left ← NULL
        z.right ← NULL
        z.parent ← y

        if y = NULL: # tree が空の場合
            root ← z
        else if z.key < y.key:
            y.left ← z # z を y の左の子にする
        else:
            y.right ← z # z を y の右の子にする

    inorder Node *u:
        if u = NULL: return
        inorder(u.left)
        u.key を出力
        inorder(u.right)
```

二分探索木へ新しいキー（ノード）を追加するアルゴリズムの計算量は木の高さ h に依存し、オーダーは O(h) となります。二分探索木内のノードの数を N とすれば、追加操作で与えられるキーの列に偏りがなければ O(log N) になります。しかし、一般的には追加されるキーとそれらの順番によって、木のバランスは崩れていき、高さが高くなっていきます。最悪の場合はリスト構造のようになり、1 回の追加・検索のオーダーが O(N) となってしまいます。

> **特徴** 二分探索木は、キーが整列された辞書を実装するために応用することができますが、木のバランスを考えない素朴な実装は実用的ではありません。また、二分探索木はその特性から、優先度付きキューとしても活用できますが、同様にバランスの良い木を維持する工夫が必要になります。

29-2 回転 ★★

部分木の変型 Transformation of Sub-tree

二分探索木条件を満たしつつ、効率良く木の形状を変えることができれば、バランスのよい二分探索木を維持することができます。

部分木を変型してください。ただし、変換前後で、中間順巡回で得られるノードの訪問順は変わらないものとします。

根が定められた部分木

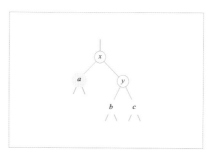

二分探索木の条件を満たしつつ、変型した後の部分木

回転　Rotate

　部分木に対する回転は、二分探索木条件を満たしつつノードの親子関係を上の図のように変更する操作です。

動的な二分木

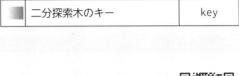

	二分探索木のキー	key

アルゴリズム・アニメーション →

右回転を行います。

回転		
●	ポインタを繋ぎ変えます。	

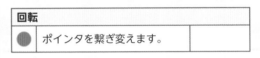

左回転を行います。

回転

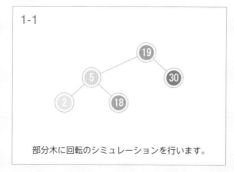

1-1

部分木に回転のシミュレーションを行います。

1-2

右に回転しました。

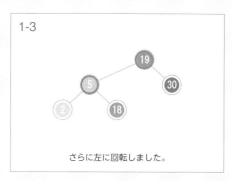

1-3

さらに左に回転しました。

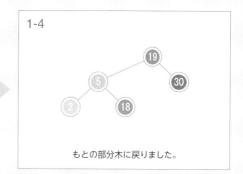

1-4

もとの部分木に戻りました。

　回転操作は木の形状を変型しますが、二分探索木条件は維持されます。これは、この部分木に対して中間順巡回を行って得られるキーの順序が変わらないということです。回転には右回転と左回転があります。右回転では、根の左の子が新しい根として持ち上がり、元の根は新しい根の右の子になります。新しい根の右の子だったノードは、元の根（新しい根の右の子）の左の子になります。左回転も同様に、根の右の子が新しい根として持ち上がり、元の根は新しい根の左の子になります。

　回転操作は、疑似コードに示したようにポインタの繋ぎ変えで行います。繋ぎ変えが必要になるのは2つのノードだけですが、ポインタを繋ぐ順番が重要になります。

```
rightRotate(Node *t):
    Node *s ← t.left
    t.left ← s.right
    s.right ← t
    return s # 部分木の新しい根を返す

leftRotate(Node *t):
    Node *s ← t.right
    t.right ← s.left
    s.left ← t
    return s # 部分木の新しい根を返す
```

回転操作は一定数のポインタを繋ぎ変えるだけなので、O(1) で実行することができます。

特徴 　回転操作は、バランスのよい探索木を実装するための基本操作として、いくつかの高等的なデータ構造に応用されています。例えば、バランスの良い二分探索木である赤黒木やトリープに応用されています。

29-3 トリープ

整列された辞書 Sorted Dictionary

辞書の内容を常に整列して管理しておくことで、より柔軟に、様々な問い合わせに答えることができるようになります。

データの検索・追加・削除に加え、整列済みの要素の管理・提供を行う、辞書のデータ構造を実装してください。ここでは、キーと値をまとめ、データの実態としてキーのみを扱うものとします。

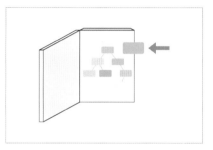

整列された辞書に対する検索・追加・削除操作
・操作・問い合わせの数 $Q \leq 100{,}000$
・$0 \leq$ キー $\leq 1{,}000{,}000{,}000$

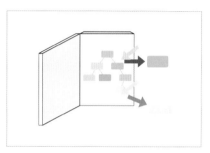

問い合わせへの回答と整列された要素の出力

 ## トリープ Treap

トリープ (Treap) は、以下の二分探索木とヒープの両方の条件を維持する探索木です。

- x を探索木に属するノード、y を x の左部分木に属するノード、z を x の右部分木に属するノードとすると、y のキー $\leq x$ のキー $\leq z$ のキー
- x を探索木に属するノード、c を x の子とすると、c の優先度 $< x$ の優先度

トリープは、優先度を考慮した回転操作によって木のバランスを保ちます。ここでは、主にデータの挿入と削除を行うアルゴリズムについてそれぞれ解説します。

動的な二分木

	辞書のキー	key
	優先度	pri

アルゴリズム・アニメーション →

データの検索・挿入・削除

要素を追加します。

●	要素を挿入します。	
⬇	挿入するノードを指します。	
●	要素を削除します。	
⬇	削除するノードを指します。	
●	回転を行います。	

要素を削除します。

探索

1-1

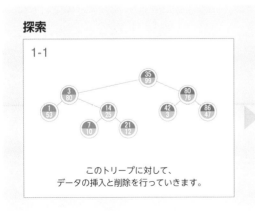

このトリープに対して、
データの挿入と削除を行っていきます。

1-2

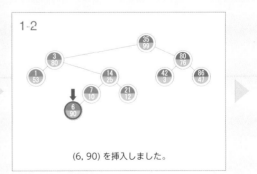

(6, 90) を挿入しました。

1-3

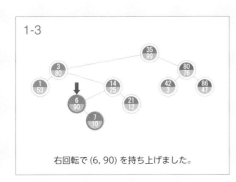

右回転で (6, 90) を持ち上げました。

1-4

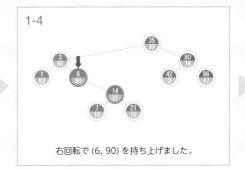

右回転で (6, 90) を持ち上げました。

1-5

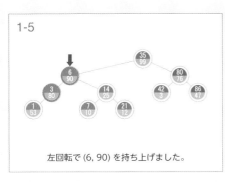

左回転で (6, 90) を持ち上げました。

1-6

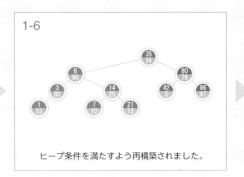

ヒープ条件を満たすよう再構築されました。

1-7

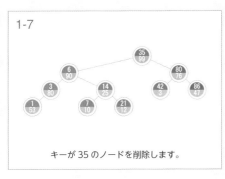

キーが 35 のノードを削除します。

1-8

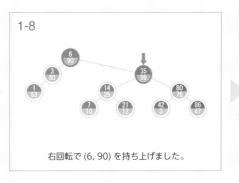

右回転で (6, 90) を持ち上げました。

1-9

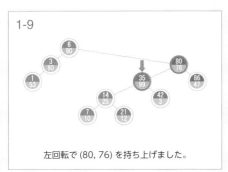

左回転で (80, 76) を持ち上げました。

1-10

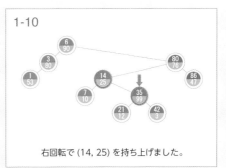

右回転で (14, 25) を持ち上げました。

右回転で (21, 12) を持ち上げました。

左回転で (42, 3) を持ち上げました。

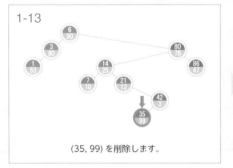

(35, 99) を削除します。

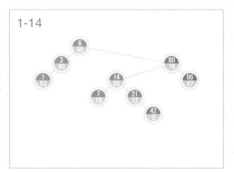

　トリープの各要素は、(キー、優先度) の組から構成されますが、データの実体はキーのみで、これらのキーが二分探索木条件を常に満たします。一方、優先度がヒープ条件（最大）を満たします。バランスの良い木を保つために、優先度はランダムに分布していることが望ましいです。

　トリープに新しい要素を追加するときは、与えられたキーとランダムに生成された優先度を組にした要素を、通常の二分探索木の挿入操作と同じ方法で挿入します。挿入後は、二分探索木の条件は満たされますが、優先度におけるヒープ条件は崩れる可能性があります。そこで、ヒープ条件を満たすまで、回転によって挿入された要素を根に向かって持ち上げていきます。

　トリープから指定されたキーを持つ要素を削除するには、まずそのノードを通常の二分探索木と同様に探索し、見つかったら回転によって葉まで下ろします。回転を行うときは、より優先度が高いものが持ち上がるように、子を選んでいきます。対象を葉まで移動すれば、後は簡単に削除を行うことができます。

```
class Node:
    Node *left
    Node *right
    key
    pri

class Treap:
    Node *root

    # 再帰的に挿入位置を探索
    insert(Node *t, key, pri):
        # 葉に達したらノードを生成して返す
        if t = NULL:
            return Node(key, pri) # ポインタを返す

        # 重複するキーを無視する
        if key = t.key:
            return t

        if key < t.key: # 左の子に移動
            # 返ってきたノードを左の子にする
            t.left ← insert(t.left, key, pri)
            # その子の優先度が高ければ、右回転で持ち上げる
            if t.pri < t.left.pri:
                t ← rightRotate(t)
        else: # 右の子に移動
            # 返ってきたノードを右の子にする
            t.right ← insert(t.right, key, pri)
            # その子の優先度が高ければ、左回転で持ち上げる
            if t.pri < t.right.pri:
                t ← leftRotate(t)

        return t

    # 対象を再帰的に探索
    erase(Node *t, key):
        if t = NULL:
            return NULL

        if key = t.key # t が削除対象
            if t.left = NULL and t.right = NULL: # t が葉:
                return NULL
            else if t.left = NULL:                    # t がただ1つの右の子を持つ
                t ← leftRotate(t)
            else if t.right = NULL:                   # t がただ1つの左の子を持つ
                t ← rightRotate(t)
            else:                                     # t が2つの子をもつ
                # 優先度が高い子を持ち上げる
                if t.left.pri > t.right.pri
                    t ← rightRotate(t)
                else:
```

```
                t ← leftRotate(t)
        return erase(t, key)

    # 対象を再帰的に探索
    if key < t.key:
        t.left ← erase(t.left, key)
    else:
        t.right ← erase(t.right, key)

    return t
```

　トリープに対するデータの検索・挿入・削除の計算量は木の高さによって変わってきます。木の高さは、与えられる操作とキー、生成される優先度に依存しますが、優先度をランダムに生成することで木のバランスは保たれ、トリープに対する操作は O(log N) で行えることが十分期待できます。

> **特徴**　整列された辞書を提供する優れたアルゴリズムはいくつか考案されていますが、トリープはその中でも比較的シンプルに実装ができる強力なデータ構造です。辞書は、多くのプログラミング言語で標準化されているように、情報処理には欠かせない概念です。また、整列された辞書は、ハッシュ表では提供できません。トリープのような優れた二分探索木では、キーの順序が保たれるため、要素をリスト化したり、指定範囲の要素を列挙するなど、様々な操作が可能になります。

辞書のデータ構造：比較表

アルゴリズム		計算量		メモリ効率	順序付き	応用
	連結リスト		×	○	○順序付き	リスト、辞書
	ハッシュ表		○	×	×	辞書
	二分探索木		△	○	○整列済み	辞書、集合、優先度付きキュー、最大・最小
	トリープ		○	○	○整列済み	辞書、集合、優先度付きキュー、最大・最小

● 参考文献 ●

1. プログラミングコンテスト攻略のためのアルゴリズムとデータ構造
2. プログラミングコンテストチャレンジブック
3. オンラインジャッジで始めるC/C++プログラミング入門
4. アルゴリズムイントロダクション
5. Yutaka Watanobe and Nikolay Mirenkov, Hybrid intelligence aspects of programming in *AIDA, Future Generation Computer Systems, 37, 417-428, 2014, Elsevier Publisher.
6. Yutaka Watanobe, Nikolay N. Mirenkov, and Rentaro Yoshioka, Algorithm Library based on Algorithmic CyberFilms, Journal on Knowledge-Based Systems, 22, 195-208, 2009, Elsevier Publisher.
7. Yutaka Watanobe, Nikolay N. Mirenkov, Rentaro Yoshioka, Oleg Monakhov, Filmification of methods: A visual language for graph algorithms, Journal of Visual Languages and Computing, 19(1), 123-150, 2008, Elsevier Publisher.

参考文献

索引：

■ 数字・英字

■ あ行

索引：

■ま行

■や・わ・ら行

[著者プロフィール]

渡部有隆（わたのべ ゆたか）

1979年生まれ。博士（コンピュータ理工学）。会津大学 コンピュータ理工学部 情報システム学部門 上級准教授。専門はビジュアルプログラミング言語。AIZU ONLINE JUDGE 開発者。
http://web-ext.u-aizu.ac.jp/~yutaka/

ニコライ・ミレンコフ（Mirenkov Nikolay）

Institute of Electrical Engineers Novosibirsk 卒。専門は手法の可視化と分散コンピューティング。会津大学 教授（1993-2013）、会津大学 副学長（2007-2009）。会津大学特別栄誉教授（2009-2013）

[STAFF]

カバーデザイン：海江田暁（Dada House）
制作：Dada House
DTP：島村龍胆
編集担当：山口正樹

アルゴリズム ビジュアル大事典
図解でよくわかるアルゴリズムとデータ構造

2020年 3月20日 初版第1刷発行

著　者………渡部有隆、ニコライ・ミレンコフ
発行者………滝口直樹
発行所………株式会社マイナビ出版
　　　　　　〒101-0003 東京都千代田区一ツ橋2-6-3 一ツ橋ビル2F
　　　　　　TEL：0480-38-6872（注文専用ダイヤル）
　　　　　　　　03-3556-2731（販売）
　　　　　　　　03-3556-2736（編集）
　　　　　　E-mail：pc-books@mynavi.jp
　　　　　　URL：https://book.mynavi.jp
印刷・製本……シナノ印刷 株式会社